Yaakov Katz 雅科夫・卡茨——著——阿米爾・鮑伯特 Amir Bohbot

THE WEAPON WIZARDS

武器奇才

以色列成功打造新創生態圈的關鍵

常靖——譯

HOW ISRAEL BECAME A HIGH-TECH MILITARY SUPERPOWER

獻給我們兩人的家人，

是他們給了我們啟發與希望。

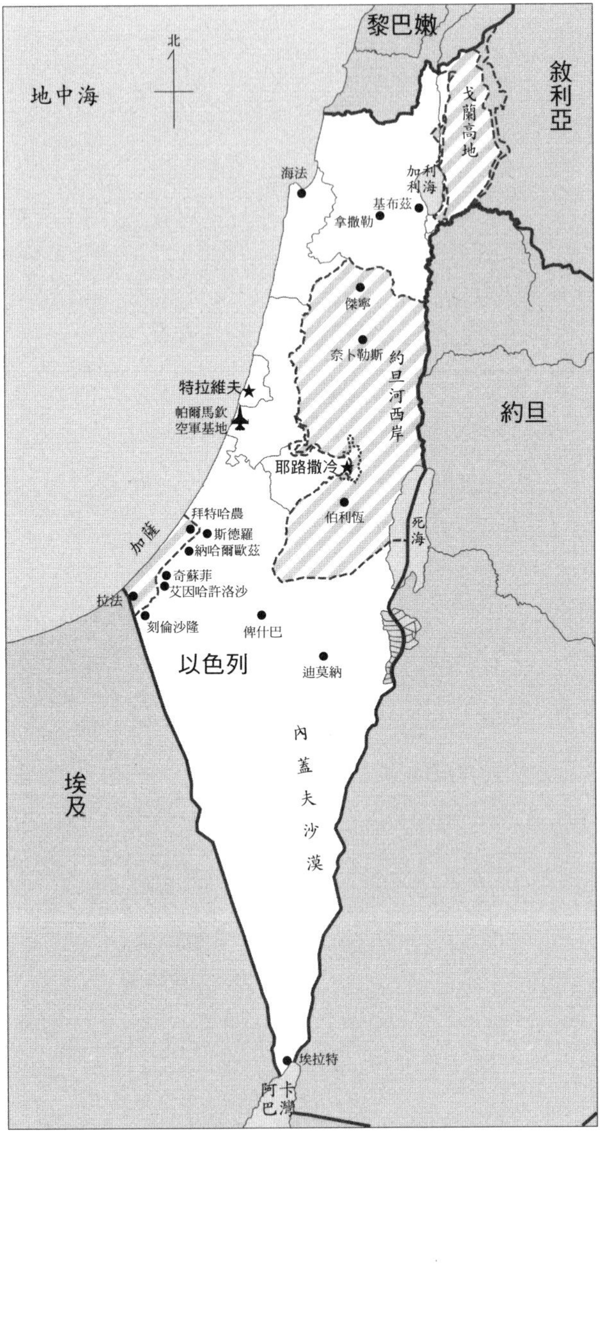

黎巴嫩
北
地中海
敘利亞
戈蘭高地
加利利海
海法
基布茲
拿撒勒
傑寧
奈卜勒斯
約旦河西岸
約旦
特拉維夫
帕爾馬欽空軍基地
耶路撒冷
伯利恆
死海
拜特哈農
斯德羅
納哈爾歐茲
加薩
奇蘇菲
艾因哈許洛沙
拉法
刻倫沙隆
俾什巴
以色列
迪莫納
內蓋夫沙漠
埃及
埃拉特
阿卡巴灣

目錄

前言

本書的寫作始於二〇一二年春天我們兩人之間的一次對話。當時鐵穹火箭防禦系統（Iron Dome）才剛在加薩走廊的一次交戰中證明了自己的實力，以色列在其他科技領域也正在大步邁進。但以色列的敵人也一樣。那年二月，伊朗在沒有他國協助的狀況下發射了第三枚衛星；真主黨（Hezbollah）也持續取得數量和規格都更勝以往的飛彈；鄰近的敘利亞則在永無止盡的內戰中動盪不安。

身為以色列的資深軍事記者，我們每天都要報導以色列接二連三發生的事件與衝突，包括在邊界上發生的事，以及整個廣大地區的狀況。但我們覺得這個故事好像缺少了一塊。以色列正處於本國史上規模最大的建軍過程，並不斷取得新的無人機、匿蹤戰機、潛艦、精準飛彈與防護效果更好的戰車。而以色列的敵人，尤其是伊朗和真主黨，也都正在做同樣的事情。這是一場令人嘆為觀止的軍備競賽，並且可能帶來致命的後果。

多年來，以色列軍方一直都是我們關切的重要焦點之一。我們都是以色列國防軍（Israel Defense Forces, IDF）的退伍軍人，到現在還是後備役。我們不只觀察著以色列的軍事衝突，甚至還是這故事當中的一員。從第二次巴勒斯坦大暴動（The Second Intifada）、撤出黎巴嫩、撤出加薩、第二次黎巴嫩戰爭到以軍在加薩的多次行動，我們全都站在第一線報導，有時甚至還會在敵後報導。

我們的工作讓我們有機會登上以色列潛艦、飛彈艦；搭上以色列的直昇機與C－130運輸機；還讓我們跟以軍步兵一起坐著裝甲運兵車，對加薩走廊與約旦河西岸發動拂曉攻擊。

多年來，我們一直都近距離追蹤著以軍的發展。我們看著軍方適應新的威脅，包括巴勒斯坦的自殺炸彈客、真主黨的火箭攻擊與伊朗的核武計畫。近年來，軍方越來越機警了，因為他們發現這個國家所在的地區即將迎來前所未有且歷史性的動盪時代。這個時代一開始看起來像是充滿希望的「阿拉伯之春」，但後來卻演變成摧生新敵人的區域大地震，製造出的敵人包括現在盤據在以色列南北邊界的伊斯蘭國。

以色列非常依賴多年來努力建立、具有嚇阻能力的名聲。我們相信這樣的能力有三大要素：以色列傳說中的核武打擊能力、與美國的戰略聯盟以及以色列軍的傳統作戰能力。

本書將首度介紹以色列替其軍隊開發、建立優越科技與武器的故事。這個故事會帶著我們走過以色列從建國至今的整段歷史，從它還是新生國家的時代一直到現代，看著本國在持續面臨整個區域的威脅與挑戰的同時所作的發展。

我們決定講這個故事最好的方法，就是將本書分為幾個章節，分別介紹以色列最擅長開發的科技與武器。本書大致上都會依時間順序來介紹，但偶爾也會跳動，從一九六〇年代跳到今天、然後又跳回六〇、七〇年代。這是我們刻意的安排，以便讓各位讀者能完全了解每一種武器，包括其誕生的過程、創新發明的人是誰，以及這項武器與其科技何以與眾不同。雖然每個故事都獨一無二，但完整的故事還是能製造出一加一大於二的效果。

序章

「把望遠鏡給我，」參謀總長班尼．甘茨中將（Benny Gantz）對他身旁的軍官說。他把望遠鏡舉高到眼前，正當他在冬陽下瞇著眼睛觀察時，遠方的影像馬上對好了焦距，成為清楚的畫面。

甘茨正站在卡比爾山（Mount Kabir）上，做著他喜歡的事：打量他的責任區、探索他要保護的每一塊國土。

他轉向北邊，清楚看見以色列與敘利亞邊界上、赫蒙山（Mount Hermon）積雪的山頂。他往右轉九十度，看向東方，可以看到約旦。他只要低頭用望遠鏡往下看，就能看到住著約十三萬巴勒斯坦人的城市奈卜勒斯（Nablus）。

這樣左右看一看，很快就能明白以色列的國土有多小。甘茨在這裡想著，這個國家幾乎沒有戰略縱深可言，敵人根本就是站在我們旁邊。

「那個是什麼？」甘茨問駐地旅長寧錄．阿羅尼上校（Nimrod Aloni），他和參謀總長一樣，都是空降部隊出身。甘茨指著他說的建築補充問道：「那邊那個，很大、窗戶很多的白色建築是什麼？」

阿羅尼把他的槍放到了一旁、調整自己的望遠鏡。「喔，」他說，「那是個購物中心。」

奈卜勒斯可不是什麼不知名的巴勒斯坦城市。在二〇〇〇年那場名為『第二次巴勒斯坦大暴動』的騷動中，當地成了以色列頭號通緝犯的窩藏據點。甘茨當時是以軍負責約旦河西岸的師長。伊斯蘭聖戰士和哈瑪斯的恐怖分子在奈卜勒斯舊城（Casbah）千迴百轉的石造迷宮中建立了炸彈工廠與總部。舊城是由羅馬人建立，然後再由馬木路克奴隸兵與土耳其人完成。這裡素以隧道網絡與眾多藏身處聞名，很適合亡命天涯的恐怖分子躲藏。

以軍常常派兵攻打這座城市，以便獵捕這些恐怖分子。但近年來，奈卜勒斯越來越繁榮，恐怖活動降到史上新低點，以軍也明顯縮減了對當地軍事行動的規模。

在第二次巴勒斯坦大暴動平息後，歷任的以色列政府都試著與巴勒斯坦人談和。艾胡德·歐麥特（Ehud Olmert）在二〇〇八年對巴勒斯坦總統馬哈穆德·阿巴斯（Mahmoud Abbas），提出了歷史性的提議卻遭到拒絕。二〇〇九年，總理班傑明·納坦雅胡（Benjamin Netanyahu）還同意暫停建造以色列墾殖區，以便恢復和談。這是前所未見的一步，雖然和談確實恢復了，他們還是沒有談成。

在甘茨於二〇一二年來到此地時，巴勒斯坦在奈卜勒斯的證券交易指數正逆著全阿拉伯世界的大熊市問鼎史上最高點。大家都覺得新一輪的和談很快就會開始，並寄予厚望。

但甘茨前來約旦河西岸還有別的理由。

幾年前，原本只是突尼西亞的街頭抗議像野火一樣延燒，最後演變成了後來我們所知道的阿拉伯之春。利比亞的格達費（Muammar Gaddafi）被捕並遭到處決；埃及的穆巴拉克（Hosni Mubarak）遭到戲劇性的推翻；敘利亞的阿薩德（Bashar Al-Assad）則還在與叛軍交戰，其血腥而充滿爭議的內戰造成了伊斯蘭國與全球聖戰士的興起。在黎巴嫩，真主黨還在屯積精密的先進武器，其對以色列的威脅已不再局限於游擊戰，而是成了一支完整的軍隊。

在以色列的國防圈內，許多人相當擔心這樣的動盪會擴散，而甘茨來這裡的目的，就是確保約旦河西岸保持安寧，如果不平靜的話以軍也能作好準備。

甘茨一開始並非參謀總長的第一人選，而是以候補的身分、在第一位候選人被認定不適任後才接任。

原先甘茨本已打算退休，卻在最後一刻被叫了回來。他穿回制服，接過了這個高位。

「我最喜歡的事，」他總是這樣和別人說，「就是出外和我的部下一起行動。」

聽過了幾回的情資簡報後，這次行程便結束了。甘茨坐進他的裝甲吉普車後座，準備前往附近的直昇機坪。他的侍從官已經有點急了，因為甘茨一如每次類似的行程一樣，總是把時程拖得很

以色列參謀總長班尼·甘茨中將在 2011 年的一次演習中與官兵對話。（IDF）

晚。吉普車離開基地，並轉入一條顛簸的小路，繞過附近的猶太人聚落，當地的灰泥白色房屋與紅色屋頂就坐落在上頭的山丘上。

「停車，」甘茨突然和駕駛說道。

「什麼？」駕駛兵問他，同時還一面看著前面荒涼的約旦河西岸小路。

「我說停車，」參謀總長更為堅定地重覆了一次，「在這邊靠邊就好。」

駕駛兵重踩煞車，把車停在一處高架橋旁。

「打電話給寧錄，」參謀總長告訴他的侍從官，他說的就是先前陪著他的那位當地旅長。然後甘茨接過電話。

「寧錄，我的吉普車被路邊炸彈攻擊。我受傷了，我身邊有一個人被綁走了，」他這麼說之後馬上掛斷電話，讓阿羅尼連回應的機會都沒有。

甘茨爬下車，看了看他的百年靈銀色手錶，並坐在附近的一塊石頭上。他撿起一根樹枝，將上面的沙土拍掉，然後放在手中把玩。「接下來，等著看吧。」

幾分鐘內，這條路上出現大量全副武裝的官兵，都是收到警報、前來尋找那位「被綁架」的士兵的。裝甲悍馬車則在上面的山丘上就定位，車上還有電漿螢幕顯示著附近所有單位的位置。他還聽到了微弱的嗡嗡聲，是來自天空中緩緩飛過的偵察無人機。

隨著時間一分一秒過去，甘茨一邊注意著這些官兵的動向，一邊看著他的手錶。當阿羅尼十分鐘後終於出現時，甘茨也沒多說什麼。

「好，謝謝。再見。」他一邊說一邊爬上車，然後揚長而去。

這天對甘茨而言是很普通的一天，但他抓到機會可以點出他的觀點。中東地區現在正陷入嚴重的混亂，而這位以色列軍的將軍希望確保他手下的部隊都準備好迎接隨時會爆發的戰爭。

「在區域如此不安定的狀況下，下一次戰爭找上門時，我們可能不會事前獲得預警，」甘茨說，「但我們還是會贏，因為我們的官兵到時都會作好準備，而且手邊還有最好的科技輔助。」

這天下午，甘茨用在這次突襲演習中的裝備，只是以色列滿布全球軍武市場，自行生產

的眾多軍事科技裡的一小部分而已。

悍馬車車上裝載的電漿螢幕是以色列軍革命性的戰場管理系統「獵人」（Tzayad）的一環。Tzayad 是希伯來文「獵人」的意思，其運作的方式類似汽車上的 GPS 系統，但它能顯示附近地區內所有部隊的確切位置，同時還能區分敵軍與我軍。如果有士兵發現敵軍陣地，他只要在數位地圖上輕觸一下，其他所有使用「獵人」戰管系統的人員馬上都會看得到。

這個科技改變了作戰的方式，並明顯改變了戰場，使發現敵軍到開火攻擊之間——「感測到射擊」（sensor to shooter）——的時間縮短。「獵人」的精確性與在以軍的成功案例都受到外界的注意。二〇一〇年，澳洲斥資三億美元購買這套系統。到了二〇一四年，拉丁美洲又有一個國家花了一億美元購置。

緊急前往現場救援參謀總長的士兵，手上拿的「他泊」突擊步槍（Tavor），是以色列武器工業公司（Israel Weapons Industries，IWI）開發的新型突擊步槍。它的重量輕盈、精準度優異且長度較短，得以取代美製 M16 步槍，成為以軍的標準配備。自這款步槍配發給以軍各部隊之後，它的足跡已遍布世界各地，從哥倫比亞到亞塞拜然、從馬其頓到巴西都有。

甘茨那輛遇到假想炸彈攻擊的吉普車，裝有「帕拉山・沙沙」公司（Plasan Sasa）設計製造的裝甲板。這家以色列公司位於上加里利（Upper Galilee）的一處基布茲（Kibbutz）[1]，就在與鄰國黎巴嫩之間的動盪邊界上。

這家公司成立於一九八〇年代，就在聚落裡的白灰泥房舍與奇異果園之間白手起家。該公司的創新裝甲產品採用高密度材料製造，可以替車輛擋下火箭推進榴彈（RPG）與應急爆炸裝置（IED），同時又不會增加太多重量，因此很快就被以軍看上。

當美軍開始在阿富汗與伊拉克作戰時，IED馬上成了官兵的頭號殺手。帕拉山公司接到的訂單開始暴增，獲利

2013 年在以色列南部的一次軍事演習中，一名以軍士兵正投出一架雲雀無人機。（IDF）

也跟著水漲船高，從二〇〇三年的兩千三百萬美元一路成長，到二〇一一年已超過五億美元。

在奈卜勒斯上空，以軍的無人機正緊密監視著這座巴勒斯坦城市與其附近的以色列部隊。當年稍早，以軍才剛啟動天騎士專案（Sky Rider），讓第一線的營級單位配備輕量化的雲雀無人機（Skylark）。這款無人機由艾比特系統公司（Elbit Systems）製造，他們是以色列一家相當先進的國防製造商。雲雀無人機是像美式足球的四分衛丟球一樣以手擲方式起飛，能提供關鍵高地後方的情資，讓步兵作戰可以取得重要的情報。軍方取得這款無人機，使以色列得以繼續鞏固其開發無人機與無人武器系統的世界領先地位。

從衛星到飛彈防禦系統、從無人機到網路戰，以色列身處於現代戰場部署新軍事科技的

1 編註：指集體社區之意。

第一線。本書會描述以色列這個人口只有八百萬人的小國如何成為世界最先進的軍事強權之一，並發展改變全世界作戰方式的科技。

以色列的成功讓眾多航太產業巨擘、軍火製造商甚至是國家代表蜂擁來到這個猶太國家，以便學習該國獨特的創新、進步與科技。

美國、法國、英國、印度、俄國與澳洲的大企業常常與以色列的國防產業合作，而這些以色列公司的規模往往比其外國合作對象小上許多。

如果回想到短短六十年前，以色列的主要外銷商品還是橘子和假牙，這個故事就更引人入勝了。今天的以色列以電子產品、軟體和先進醫療裝置為主要外銷產品。

根據英國軍事工業刊物《詹氏集團》（*Jane's*）所提供的資料，以色列是世界排名前六名的軍武外銷國。光是武器本身，就佔了該國總出口的一成。自二〇〇七年以來，以色列每年都要出口價值約六十五億美元的武器。二〇一二年以色列的國防產業創下了新紀錄，一共出口了七十五億美元的武器（註一）。

雖然以色列並不算是大國，但投入研發工作的金額卻是世界之最（大約佔國內生產毛額的百分之四點五），並且一直獲選為世界最創新的國家之一。雖然以色列投入研發的金額本身就已相當優異，其中還有約三成屬於軍事性質的產品。相較之下，德國的總研發經費只有百分之二、美國只有百分之十七屬於軍事用途（註二）。

CNN主持人兼知名新聞專欄作家法理德·札卡瑞亞（Fareed Zakaria）曾如此評論以色列：「此國的武器明顯比其對手更為先進，有時甚至超前一整個世代。以色列的科技優勢對現代戰場有著極為重大的意義。（註三）」

——

以色列是怎麼做到的？

這正是本書想要回答的問題。我們舉出許多以色列開發出其獨特武器系統與戰術的故事，希望能找到這個問題的答案。每一種武器都在不同的時代、不同的局勢下問世。發明這些武器的人都有各自不同的靈感與動機，同時利用以色列這個國家的多元化特性，打造出了以色列獨特的創新文化。沒有任何的特性是特立獨行而不與其他事情有關聯，它們都是合作寫下以色列成為軍事強權的歷史。

常常有人說以色列的文化充滿著矛盾。這個國家數十年來都試著與巴勒斯坦締造和平，但直到今天卻都未能成功重現一九七九年與埃及、一九九四年與約旦的談和。這個國家的國民不分男女都必須服兵役，但這樣非但沒有製造出一個充滿紀律的社會，反倒成了以色列著名的悠閒、非正式文化的主要來源。

以色列全國只有八百萬人口，沒有天然資源，但這個國家卻有僅次於美國與中國、世界第三多在那斯達克（NASDAQ）上市的公司。自以色列建國以來，每隔十年都有發生戰爭，但每年仍然吸引約三百萬人次的觀光客。

若要解釋以色列在經濟與軍事上的成功，這個國家持續面臨的眾多威脅與自建國之初便持續不斷的生存之戰，應可讓我們窺見當中的部分原因。

舉例來說，甘茨將軍的母親在納粹大屠殺期間就是卑爾根-伯森集中營（Bergen-Bersen Concentration Camp）的囚犯。她是戰後歐洲幾萬名尋找新家的猶太裔難民之一。除了他們之外，還有幾十萬名伊比利猶太人[2]在以色列建國後，被趕出自己位於不遠處阿拉伯國家境內的家園。

如此的生存之戰從沒停過。在以色列各地，糧食都必須配給、沒有大眾交通工具，而醫療服務也非常不可靠。以色列整個國家的存在一直都面臨危機。

當一九四八年以阿戰爭開始時，許多這些大屠殺的倖存者才剛下船，就收到了以色列政府配發的步槍，然後被送往前線作戰。他們一句希伯來文都不會講，還有許多人就這樣死在戰場上。但與他們一起作戰的軍人，都說他們十分勇敢，終於能有機會為自己的同胞和祖國而戰。

雖然以色列人面對的狀況相當嚴竣，但從一開始就處於逆境的這一點，也迫使他們發展出生存所需的重要工具，例如臨機應變、適應環境變動的能力等。

曾任以色列助理國安顧問的魯文．加爾（Reuven Gal）[3]如此解釋這個過程：「新生的以色列國防軍以專心投入、努力、情報與臨機應變等能力，解決一開始在數量上的不足。而這最後也成了以色列軍人的特質。（註四）」

以色列這時手上除了移民到這個新國家的人力之外，幾乎沒有任何資源，因此必須善用

2 譯註：Sephardi Jewish，Sephardi 為希伯來文的伊比利半島，指在十五世紀末被趕出伊比利半島的猶太人。

3 編註：還曾擔任以軍首席心理學家。

手上擁有的一切。以色列面對的敵意，以及自建國之初——至今在伊朗等地仍有——便存在主張消滅以色列的呼聲，都使這裡的人努力發揮創意。換句話說，如果以色列的想法不夠有創意，這個國家很可能會不復存在。

這樣的公式十分簡單，就像構思以色列衛星計畫的海姆．艾希德（Haim Eshed）和我們說的一樣：「斷頭臺的陰影能讓人思路清晰。」

但這只能解答一部分的疑問。以色列不是世上唯一在敵意下繁榮發展的國家。舉例來說，南韓也有類似的國安威脅、也有成長快速的經濟，但他們發展先進武器的腳步卻沒有這麼快。

以色列的獨特之處，就是這個國家完全沒有結構。把這點稱為是一種優勢聽起來也許很怪，但正是這種打破社會階級的特點協助推動了以色列的創新。以色列到處都可以看到全國有多麼缺乏階級性。在軍隊裡、在街上，甚至在政府官署裡，都可以看到低階幕僚以親密的外號稱呼他們的部長。

而以色列這個國家外號實在是太多了。總理納坦雅胡的外號是「Bibi」、前國防部長雅阿隆（Moche Ya'alon）的外號是「Bogie」；以色列總統李佛林（Reuven Rivlin）外號叫

「Ruvi」，反對黨黨魁赫佐格（Isaac Herzog）則是叫「Buji」。

而在以色列的日常生活中，人們也會走各式各樣的捷徑。以色列是個小國家，國民和國家元首與其他首長之間往往只隔著一個人，因此大家都很擅長利用「protexia」——波蘭文「關係」的意思——考進大學到預約知名心臟外科醫師，無所不用。

前面已經提過，一般認為以色列的兵役義務，正是上述不正式風氣的主要來源。以色列人在軍中學到一種強烈反對階級意識的想法，還有一種敏銳的「大膽、無畏」意識（chutzpah）。這個意第緒語（Yiddish）的詞可以大略翻譯成「大膽」、「膽識」或是「膽量」。

以軍的新兵必須稱自己的指揮官為「長官」。但幾個月後，這些指揮官就會進入一個叫「打破距離」的程序，在完成這個過程後，士兵就可以直呼長官的名字，並且不再需要敬禮。

想像一下這個過程：以色列軍方，眾人希望其士兵都是有組織、有紀律的軍人，但他們卻舉行一個儀式來慶祝廢除階級制度。

「不正式風氣與欠缺階級關係的組合，正是以色列在其他西方國家面前最大的優勢，」著名軍事史學家馬丁・克里費德（Martin Van Creveld）這樣告訴我們。他說：「以色列是個比較小的國家，大家彼此之間都認識，幾乎所有人都曾在以軍服過兵役，因此要消弭這樣的隔閡非常容易。」

從表面上看來，不正式且欠缺上下關係的文化似乎有礙於一個國家或組織長期擬定戰略的能力。但在以色列，其效果卻恰好相反。打破這樣的藩籬可以建立一種鼓勵、容許所有人自由交換想法的氣氛。在軍階不同的軍官能平起平座、自由地討論的環境下，新的想法才能誕生。

舉例來說，想像以色列空軍的指揮官出外執行訓練任務時的狀況。一般人都會覺得指揮官會坐在與自己資歷相當的飛官所駕駛的飛機上，但他們通常都是坐在年輕飛行員的後座，有些年齡甚至只有自己的一半。

前空軍軍官伊多・內胡什坦少將（Ido Nehushtan）在一次這樣的訓練飛行後告訴我們：「駕駛艙內是沒有階級的。」他的F－16前座坐著一位二十五歲的少尉。

年輕人能從前輩身上學習，反之亦然。在這樣的訓練飛行後，資淺的飛行員甚至可以批評上級的表現，不必擔心會被降職、失去升遷機會或任何其他懲處。事實上軍方根本就鼓勵他們這樣做。

「這是我們真的很努力建立的文化，」內胡什坦說明，「我們要讓軍方有一種開放、專業且公平的文化。」

對前來拜訪以色列的外國軍官而言，這樣的文化往往帶給他們不小的衝擊。在一九九二年美國空軍的中將兼美國飛彈防禦署（Missile Defence Agency, MDA）前主任朗·卡迪許（Ron Kadish）來到以色列時，他的經歷就正是如此。

卡迪許當時是美國空軍F-16的專案主任。當時F-16的失事率正在節節高升，卡迪許便前來諮詢以色列空軍的意見，因為他們是當時美國以外擁有最多F-16的空軍之一。

當卡迪許抵達基地時，以色列接待人員帶他參觀各個中隊，還讓他看他們的戰機。這些戰機許多都有擊落記號——小小的紅圈，中間有藍點——來自十年前的第一次黎巴嫩戰爭。有一架以色列F-16就擊落了七架敘利亞敵機。

參觀結束後，卡迪許被帶到基地指揮官的辦公室，準備參加這款戰機的技術討論。桌上放著常見的點心——溫暖酥脆的乳酪馬鈴薯薄餅，配上濃烈而苦澀的土耳其咖啡。雙方人馬各自說明了自己對這款飛機機械面與技術面的評估。

然後就有一位與會人員開始和這裡的基地指揮官爭論這款飛機的缺點。卡迪許請他報上自己的階級姓名，結果他居然只是一個維護飛機的士官，而被他大小聲的對象卻是堂堂一顆星的將官。但他仍把自己要講的話講完，大家也都洗耳恭聽，因為除了階級問題之外，他講的話全都頭頭是道。

「坐在一旁的我覺得非常驚奇，」卡迪許回憶道，「在美國，我們的組織結構更為嚴謹，人們都要被點到發言才會發表意見。我在以軍都看不到這樣的狀況，尤其空軍更是沒有。」

卡迪許這時體驗到的就是經典的以色列「無畏」意識。在美軍部隊內，沒輪到自己發言就開口是難以想像的事，尤其是在來訪外賓面前和上級爭論。但在以色列沒有人這麼想。這位修護人員做的就是他受訓要做的事、他認為上級期望他做的事：發表自己的看法。

———

到了後備軍以後，他們又更強調這樣的態度了。想出人頭地的軍官不只要讓自己的長官印象深刻，還要得到自己的部下擁戴才行。

「如果一個後備軍人得不到他要的答案，會直接去找上級的上級，」前以色列後備軍司令退休准將舒基·班-阿奈特（Shuki Ben-Anat）這樣告訴我們，「他這麼做不是為了挑戰體制，而是為了達成他的目的。後備軍人是不吃上下階級這套的。」

亞歷山大旅（Alexondroni Brigade）是以軍最精銳的後備步兵單位之一，旅長什洛米·科恆上校（Shlomi Cohen）在二〇〇六年第二次黎巴嫩戰爭結束後一次召集部下進行任務歸詢時，便親身體驗了這一點。

戰爭爆發時，亞歷山大旅的後備軍人大量投入前線。他們有兩員士兵被真主黨綁架，整個邊界還常常要面臨火箭攻擊。這是不折不扣的生存之戰。

可是在雙方停火、後備部隊回到國內時，他們的挫折感與憤怒卻怎麼也壓不住。他們進入黎巴嫩作戰，用的裝備不但過時而且還有瑕疵。他們必須自己籌錢買防彈背心和手電筒。他們對科恆在戰場上指揮的方式也很不滿。他總是朝令夕改、舉棋不定。有些時候他們還會在黎巴嫩南部的村莊中待上一整天，彷彿在等真主黨找上門似的。這些後備軍人總是得不到物資補給，逼得只好闖入黎巴嫩的雜貨店搜刮食物。有些人對此覺得良心不安，在離開時還在收銀台上留了點錢。

戰爭結束兩天後，科恆召集他的部隊，想處理一些這方面的問題。他們在北方古城采法特（Safed）下面不遠處的松樹林內集合，這裡是戰爭期間真主黨的火箭常常擊中的地區。科恆警告部屬，說他們的怨言可能會造成一些後果，他甚至還一度指控他們缺乏為國而戰的動力。

這樣的言論讓這些後備軍人忍無可忍。有些人開始大吼大叫，有些則開始對科恆噓聲四起，直到他起身離開為止。這些後備軍人都很生氣，有些人甚至決定前往耶路撒冷的總理辦公室抗議。

科恆部下的不滿沿著指揮鏈一路往上，這位曾經前途光明的軍官原有的升遷落空，最後只能以駐東歐某國武官的身分結束軍旅生涯。

如果發生在西方國家，軍人看到有人對長官喝倒采應該都會嚇一大跳，但在以色列這是可以接受的。就後備軍人而言，他們做的事一點也不奇怪。有一位軍官犯了錯，造成部下不滿，至於這位軍官是上級、這些人還穿著制服就一點都不重要。

班－阿奈特明白這些後備軍人的挫折感與失望。他在一九七三年的贖罪日戰爭結束後也有同樣的感覺。國家派來的調查委員會認定，贖罪日戰爭中的以軍有系統上的失敗與錯誤。就在他還在服兵役時，這場戰爭與戰爭中的失敗——他的戰車連曾經只能以少數戰車對抗五十倍的敵人——讓他體會到投資後備部隊的價值，並理解到以色列絕不能再承受一次奇襲。

戰爭結束後，雖然他已正式除役，但還是決定繼續為國效力。大多數後備軍人一年服役十四到二十一天，班-阿奈特卻服役一百二十天，讓他甚至可以在以軍外、替以色列的情報單位工作的同時繼續升遷。在二〇〇八年服役滿三十五年後，他升到了准將，並獲派成為以色列後備軍司令。

以軍與西方國家的軍隊不同，不論是在戰時或是平時的行動，以軍都非常依賴後備軍。這樣的依賴早在軍隊還是以「國民的軍隊」這樣的名義、在所有人都必須從軍的狀況下成立之初，就已經存在了。雖然建立後備軍的目的在於確保發生緊急狀況時能擁有充足的兵源，但班-阿奈特也認為後備軍的存在有助於改善軍隊裡的官僚問題。

他解釋：「後備軍人只會來一段時間，因此我們最不想做的，就是讓他們覺得自己是在浪費時間。這點可以幫助我們把整套體系做得更有效率。」

一支軍隊如果是以後備軍人為基礎，那就意謂著就算在軍人退伍、去念大學、出社會工作後，他們每年都還是要回軍隊服役。飛行員通常每週都還要再飛一天，戰鬥部隊的士兵則是每年要徵召兩到三週，其中一半用於訓練，一半投入例行巡邏與邊界任務。

這表示一位替國防工業工作的工程師，不只會在會議室裡討論新武器設計時見到軍人，他們在去服後備役、穿上制服重返軍隊時也會見到這些軍人。以色列工程師的戰場經驗與持續在後備役期間受訓、作戰的經驗，都能幫助他們進一步了解以軍在下一場戰爭中需要的東西，以及開發這些東西的方法。這樣一來，軍方替新武器訂定的「作戰需求」便十分簡明扼要、清楚、對細節有清楚說明。這些人自己就參加過戰爭、看過戰場，知道自己要的是什麼。

替以軍和美軍生產裝甲車和戰車的帕拉山・沙沙公司裡，有一位員工如此說明：「我們知道坐上軍車代表什麼意思，我們也知道遇上爆裂物或被火力攻擊是什麼感覺。（註五）」這樣的經驗會跟著每個人到一輩子。

「以色列國防需求與科技能做到的東西之間，存在著其他國家幾乎難以望其項背、接近第一線的臨場感。」海法大學（University of Haifa）的商業教授丹・佩雷德（Dan Peled）表示（註六）。

以美國為例，美軍會派軍官加入承包商的開發團隊，可是這些軍官常常都會被當成是局外人。在以色列沒有局外人，大家都是自己人。軍事經驗會成為一個人一輩子的經驗。這樣的雙重身分就是以色列的國家資產。

克里費德說得更直接：「如果你的國民有九成五沒有當過兵、沒有參加過軍事行動，你怎麼能期望他們開發出創新的武器呢？」

——

卡迪許中將在一九九二年來訪時，還注意到另一個特點，就是這個空軍基地的飛行員和官兵都很年輕，但做的卻常常是歐美軍隊派年長兩倍的人在做的工作。

美軍的平均年齡是二十九歲，以軍只比二十歲多一點。在實務面上，這代表年輕的以色列軍官與義務役士兵都在年紀還很輕時就擁有絕大的權限與責任。他們的頭上也比較少有高階軍官——以色列高階軍官對戰鬥部隊的人數比例是一比九，不像在美國是一比五——因此這些年輕的以色列軍人都只能自己做決定。

在以色列，年輕的情報分析官往往在短短一兩年的服役經驗後，就要直接向國防部長和總理報告了。二十三歲的軍官就能當上連長、掌管約旦河西岸的好幾段邊界。如果有恐怖分子滲透這些地區、發動大規模攻擊，這些年輕人就要為此負責。

在這麼年輕的時候就讓軍人擔負責任，有助於幫他們發展成未來的領袖，包括在軍中以及退伍後的人生。由於以色列幾乎隨時都在發生武裝衝突，因此軍人很早就會經歷危險、被迫作出左右生死的決定，有時還不只一次。

「哈佛的畢業生或許擁有最頂尖的教育和博士學位，但那些都是理論，」前空軍軍官兼國防部督察長大衛．艾佛利（David Ivry）告訴我們，「在以軍裡，軍人是在現實生活中取得博士學位。」

投資這麼多在士兵上還有另一個效益：國家認為他們是無價之寶、是所有以色列人的孩子，而整個社會也會依這點應對。二〇一一年，以色列政府釋放了超過一千名戰俘，和哈瑪斯換取僅僅一名被監禁在加薩走廊的以色列士兵。以色列政府從一九八〇年代起，就曾做過像這樣的交換戰俘措施。

不只是在中東，就算是在其他西方國家的軍隊，這種作法都無人能比。以色列看重每一位士兵的程度，使每個人不只對自己的家人而言很重要，對整個國家都很重要。如果有一名官兵被綁走，每個家庭都會為此感到悲痛，因為他們都知道這很可能就是自己的家人。

義務役對以色列的社會還有另一個影響：這裡是文化熔爐。西方國家的軍隊以志願役為主，因此沒有這樣的現象。在大約十年前的美國，有四成四的軍人來自鄉下、四成一來自南方，並且有將近三分之二來自每戶平均收入低於全國中位數的郡（註七）。

在以色列，幾乎每個人都要當兵。男性要當三年的兵，女性要當兩年。一個特拉維夫（Tel Aviv）出身的富家子弟在當兵期間，會發現自己身邊有一位來自南方開發中城鎮的伊索比亞裔猶太人、一個從北方來的俄國移民，還有個來自約旦河西岸墾殖區、虔誠信仰的士兵。以軍不容許役男役女之間有社會隔閡。從來沒有機

國防軍哥拉尼旅（Golani Brigade）的新兵於 2016 年 3 月接受訓練。（IDF）

會操作精密科技的以色列窮小孩，會在以軍裡得到這樣的機會；在家裡用不起智慧型手機的孩子突然就要受訓成為網路作戰官。以色列國民一穿上軍服，社經地位與種族標籤就會消失。

這樣的文化熔爐正是創新的秘訣之一。創意來自人們一起合作、交換想法。若要達成這點，這些人就必須認識彼此、擁有共同的語言與文化。在以色列，這個過程是在軍中做到的。以軍還鼓勵軍官接受「跨領域教育」。這主要是因為以色列缺乏資源，包括原物料和人力資源。以色列人很喜歡開玩笑，說在國外的航太產業裡，每一個螺絲和保險絲都有一位專門的專家；但在以色列，工程師會跨足其他領域，專精不只一項任務。

這就是為什麼以色列國防企業的許多高階幹部和頂級主管都有跨領域的學位。舉例來說，一位以軍軍官可能會接受上級的鼓勵去念電機學士，然後再念物理或公共行政等不同領域的碩士。

劃時代的鐵穹火箭防禦系統在開發的過程中的重要人物丹尼・高德准將（Danny Gold），就是個很好的例子。他在空軍生涯途中請了學術休假，跑去念了兩個博士學位，一個是企管，另一個是電機工程。我們之後會講到他在開發革命性的鐵穹系統時為何兩個專業都需要派上用場。

——

如果要在以軍中選出一個最能代表其對人力投入的資源和專注在跨領域教育作出貢獻的話，那這個單位一定是塔皮優（Talpiot），以色列全國最優秀、最聰明的人服役的地方。

塔皮優這個字來自舊約聖經「雅歌」（Song of Songs）——指的是一種要塞——是以色列最精銳的科技單位。每年都有幾千人想考進這裡，但大約只有三十人能被錄取，這樣的特殊待遇還附了服役九年的條件，是一般役期的三倍。

這些軍人通常擁有能當上飛行員或精銳突擊隊員的技藝，但塔皮優擁有優於一切的權限，可以優先挑選自己想要的人。這個單位的地位就是這麼崇高。

塔皮優的成立源自於一場災難，也就是一九七三年的贖罪日戰爭。以色列在這年猶太齋戒日這天，受到敘利亞與埃及的奇襲。有超過兩千員官兵陣亡，還有無數的飛機與戰車遭到摧毀。如果以色列直到當時都還以為自己的軍力高人一等，在經過這次事件後，它也該感受到自建國二十五年以來前所未有的危機感了。

雖然以色列最終保住了自己的國土，但這場慘痛的戰爭仍殘忍地說明了創新的戰術並不足以單獨保持一個國家的軍事優勢。以色列需要在科技上的優勢，問題是要怎麼取得。

戰後不久，時任空軍技術部主管的阿哈隆・貝斯-哈拉赤米上校（Aharon Beth-Halachmi）接到了一通電話。打電話的人是他當年稍早去希伯來大學查看正在開發的高能量雷射裝置時，見過一面的物理學家亞茨夫（Shaul Yatziv）。這時蘇聯和美國都在研究雷射武器，而貝斯-哈拉赤米覺得以軍也應該投入類似的研究能量。至於這項科技到底能不能用在軍事上，這個之後再研究就好。

亞茨夫說他有要事想討論，想帶一個朋友前去見貝斯-哈拉赤米。幾天後，他便帶著另一位物理學家杜參（Felix Dothan）出現在貝斯-哈拉赤米的辦公室。貝斯-哈拉赤米覺得自己好像見到了現代版的聖經人物摩西和亞倫（Aaron）[4]。杜參和摩西一樣說話有障礙，因此需要亞茨夫幫他傳達。

亞茨夫說杜參寫了一份論文，提議成立一個他稱為「塔皮優」的機構。他們說這個機構將是專門為以色列的頂尖天才成立的組織。士兵要接受四十個月的訓練——全國防軍時間最長——並且每個人都要拿到物理、數學或資工學位，同時還要與精銳空降部隊一起完成戰鬥訓練。

結訓後，成員就會投入各軍種。完成四十個月的訓練，他們全都會進入同一個單位，這個單位會偏重空軍與情報軍的事務。

貝斯-哈拉赤米很感興趣。他對以色列在贖罪日戰爭中的表現也很不滿意，正在想辦法改良以軍的科技實力。他馬上同意將這個提案上呈給他的長官。

塔皮優的特點就是這個計畫的焦點。參與計畫的人不會只受訓擁有一種技能，而是要接受跨領域的教育，並熟悉全軍的科技能力範疇。他們的想法是讓這些人擁有解決問題的能力，能提出跨部會、超越技術限制的解決方案。

但不是每個人都贊成這樣的想法。空軍與軍事情報局的軍官就反對這個計畫。他們希望最優秀的新兵去當飛行員和前線指揮官。貝斯-哈拉赤米從參謀本部聽到的典型反應是，「把他們派去別的地方太浪費人材了」。以他這時在空軍的職位，他很難多做什麼，只能再等等。

4 編註：舊約聖經人物，摩西的兄長。古以色列人的第一位大祭司，也是以色列祭司職位的始創人。

幾年後，貝斯－哈拉赤米升上了國防軍研究與開發局（Research and Development Authority）局長之位，同時也在參謀本部裡有了自己的地位。這表示他可以直接接觸到參謀總長伊登（Raful Eitan）了。貝斯－哈拉赤米在一次每週會議中提出了塔皮優的想法，伊登馬上就接受了。他甚至沒有另外召開會議，直接在三個月內就開始了先行實驗。

貝斯－哈拉赤米很快就發現這個計畫非常成功。此單位成立後幾年，總理召開國安內閣的特殊會議來討論這個計畫。有幾位將領抱怨此計畫的結訓官兵沒有公平分配到各軍種。包括情報局在內的所有人都想要一位「塔皮翁」（Talpion）——結訓官兵的稱號。會議過程苦不堪言，最後總理決定塔皮翁都能分發到各個安全部隊，包括警察。現在每一位塔皮翁平均都有五個部隊搶著要。

貝斯－哈拉赤米說道：「我們證明了要有突破，並不需要有很多的人，只要對的人接受對的訓練就行了。」

塔皮優計畫的成功故事不計其數，而且大部分都還是屬於機密。有一位塔皮翁發明了以電力取代化學能推進，使發射物以十倍於正常速度的超高速飛行的方法。

另一位塔皮翁選擇加入塔皮優，而不是去念醫學院。這個人發明了一種新型的直昇機飛行員座椅。他在一九八〇年代後期服兵役時，發現許多飛行員都有背痛的困擾，因此他設計了一種新座椅，安裝在直昇機模擬器上。他在椅背上挖了個洞，在飛行員的背上裝了支筆，然後以高速攝影機記錄振動對飛行員背部的影響（註八）。

還有一位塔皮翁，則是在開發偵測跨國境恐怖隧道的系統時扮演了重要的角色。有人一直在挖這種從加薩走廊穿過邊境，進入以色列的隧道。

塔皮優雖然是個小單位——約四十年來只造就了約一千位結訓生——但它的衝擊卻影響了全軍和更廣大的領域。這裡的結訓生打進了以色列學術界的上層，也進入了國內的高科技產業，在幾十間公司裡佔據了高位，或是乾脆自己創立新公司。而這些公司有不少都在那斯達克上市。

「世上沒有第二個像這樣的計畫，」埃夫雅塔・瑪坦亞（Eyyatar Matanya）說，這位前塔皮翁後來成了以色列國家電子局局長，「塔皮翁往往可以只憑一己之力替他的單位帶來革命，如果一個單位裡有兩到三位，那將會是完全不一樣的世界了。（註九）」

我們相信以色列成功的秘密，就是上述各點的結合，但其中還有更深層的原因，那就在以色列這個國家的特色上。

世上鮮有其他國家遭遇衝突的時間與激烈程度能與以色列相比。當一個國家的敵人只要開幾分鐘的車就能兵臨城下，邊界上的恐怖組織三天兩頭就拿火箭攻擊國土內的住宅、學校，還派自殺炸彈客攻擊公車時，他們其實沒什麼可以容許出錯的空間。

在這樣的現實下，安全一直都不是什麼理所當然之事。有些以色列人會在長期風平浪靜後感到不安，因為他們覺得這不可能是真的，一定是暴風雨前的寧靜。

以色列是第一個在埃及與敘利亞迎戰蘇聯軍事機器的西方國家，也是第一個在國內街道面對自殺攻擊的現代國家，比紐約或倫敦、馬德里等歐洲國家首都都早了好幾年。從可能對伊朗發動的軍事攻擊，到偶爾在約旦河西岸獵殺恐怖分子，以色列面對的威脅比大多數國家都來得多，並且也持續發展著最先進的軍事科技，以便面對、處理這些威脅。

「結合三種元素才是對我們有利的作法，」國防部一位前局長烏迪．夏尼（Udi Shani）在我們於特拉維夫碰面時表示，「我們有具創新能力的人才，得知我們需要什麼的實戰經驗，同時因為我們幾乎隨時都在作戰，因此做出來的東西也都馬上就有實戰的用途。」

然而，雖然以色列的軍武開發正在改變現代作戰，這個過程卻不是在太平盛世的環境，而是在世上數一數危機四伏的中東地區。以色列或許認為對尖端軍武科技的需求是該國對外在威脅的回應，可是這樣的科技進步卻也常常促進著它想要避免的軍備競賽。

舉例來說，在二〇一〇年時，以色列發動了「震網」行動（Stuxnet）——世人所知最早的軍事網路攻擊之一。以色列的電腦病毒效果奇佳，摧毀了伊朗主要核元濃縮素鈾的設施內近一千台離心機，使該國的非法核武計畫進度，據部分估計落後了整整兩年。但自那時起，伊朗建立了自己的網路作戰單位，每年投入超過十億美元建立有效的網路攻擊能力。這下子建構完整的網路戰似乎只是時間問題罷了。

隨著中東局勢日漸動盪不安，越來越多的國家，尤其是在歐洲，開始面對伊斯蘭國等恐怖組織發動的城市恐攻威脅，因此對以色列已經發展至完美的戰術與科技的需求也日漸升高。

舉例來說，鐵穹短程火箭防禦系統替以色列將一個戰略威脅——來自加薩走廊的火箭攻擊——變成是一個可以管理的戰術問題。這讓以色列的領袖可以專心處理這個國家所面對、更為艱鉅的挑戰與威脅。

安裝在以軍馳車式（Merkava）主戰車上的「戰利品」主動防禦系統（Trophy），能攔截來襲的火箭彈與反戰車飛彈，讓這些以大塊鋼鐵製造的戰鬥機器，在不對稱作戰與城鎮戰的時代仍能佔有一席之地。當大多數國家正在淘汰裝甲部隊的時候，以色列做的事情卻正好相反。

以色列的故事總是能讓世界為之驚嘆。這個故事講著一個脆弱的古老民族怎麼回到家園、建立國家，然後在種種不利的條件下生存，甚至發展壯大。

本書會替這個故事加上更深入的一層見解。書中的故事不只會提到替以色列帶來勝利與戰場成功的科技，也會專注在開發出這些科技的人物與獨特的以色列文化。

在充滿不確定性與危險的世界上，這是一個我們都需要仔細聆聽的故事。

第一章　從地下兵工廠開始

一九四五年，以色列建國前三年，巴勒斯坦的猶太人領袖已經開始感覺到接下來會有什麼樣的發展了。託管結束只是時間的問題，英國人遲早都會離開巴勒斯坦。猶太人都很清楚，只要英國人前腳一走，阿拉伯人就會發動攻擊。

這裡的武器非常缺乏，但真正的問題是在英國統治時期，猶太人只要被發現到身上帶著武器，就會被抓去關，甚至遭到處決。哈加拿（Haganah）是一個猶太人民兵組織，它日後將會發展成軍隊，但這時的他們還很需要彈藥和武器，問題就在於要怎麼取得。

受命找出解決方案的人，是資深哈加拿指揮官約瑟夫·阿維達（Yosef Avidar）。阿維達生於俄國，九歲時就在一位剛從帝俄軍返鄉的非猶太鄰居協助下接受基本軍事訓練。這些技能跟了他一輩子，讓阿維達在來到以色列後迅速出人頭地，在哈加拿組織中爬到高位。在一九二九年阿拉伯人暴動時，他是耶路撒冷舊城猶太部隊的指揮官，並只用一把槍和十一發子彈就擋下了阿拉伯人的攻擊。他在後來發給哈加拿指揮部的一封電報中，批評了他認為是浪費彈藥的行為。他這樣的意見正好說明了這時猶太人到底缺乏彈藥到什麼程度。

「我們只需要七發子彈就能阻止他們了，」阿維達這樣寫道，「我們卻多浪費了四發。」對阿維達而言，這場暴動是一記警鐘，他明白如果以色列要求生存，猶太人就需要訓練，很多的訓練。因此他在一個週六早上出現在史科普斯山（Mount Scopus）的希伯來大學校園附近，準備訓練五十個人丟手榴彈的方法。哈加拿沒有真的手榴彈，所以阿維達示範時用的是土製的仿冒品。他才剛把手舉起來投擲，手榴彈就爆炸了，把他的血肉炸得亂七八糟。這樣的爆炸幾公里外都聽得到，現在英軍趕來只是時間問題。阿維達身受重傷，但直到所有部下都安全躲藏後才願意撤離。

這便是決定性的一刻。猶太人需要高品質的武器，不會在士兵手裡爆炸的那種。可是英國人對當地的控制十分嚴密，光是要把猶太人從海上偷偷運進以色列就夠難了，更別提要走私武器。結果阿維達便想出一個劃時代的想法，要在以色列建造全國第一座彈藥工廠。這個想法十分大膽，首先，以述地區（Yishuv）——以色列建國前對當地猶太社區的稱呼——沒有製造武器的經驗；其次，英國人無所不在，很難瞞著他們建造一座彈藥廠。

但阿維達很堅持。他知道大半的成敗取決於找到對的地點。他在全國各地尋找，最後找到雷荷弗特（Rehovot）城外不遠處的一處山頂，那裡是以色列首屈一指的魏茨曼科學研究所（Weizmann Institute of Science）的所在地。一小群猶太人在一九三二年就在山頂落腳，後來面對阿拉伯人的進攻，為了增強猶太人在城市的抵抗力量，他們搬到了城裡。

山頂有兩大明顯的優勢：這裡相當偏遠，可是離城市和供電網又夠近。由於這裡地勢較高，可以深掘到山裡，把工廠蓋在地底下，避免被英軍發現。

阿維達也很高興這座山頂離總是擠滿英軍士兵的雷荷弗特火車站很近。他認為英軍絕不會想到這裡居然會有一座兵工廠。

可是阿維達還需要一個用來掩蓋事實的故事，以便解釋為什麼會有一群猶太人會突然跑來這座山上定居。他聽說一群新移民——和猶太人童軍運動有關——正打算建立一處集體農場。有一天，阿維達便出現在他們的食堂，請他們稍微改變一下計畫。阿維達建議他們不要打造集體農場，而是請他們加入作戰行動。新移民會搬到山頂上，由哈加拿建立所有需要的建築，這些人則在工廠內工作。這群人同意了。

到了春天，幾十位二十幾歲的年輕人就搬到了山頂，看起來像是在柑橘園內過著正常的生活，偶爾還從事一些社區休閒活動。

這時地下軍火廠的工程也剛好開始，取名叫阿雅隆機構（Ayalon Institute）。他們翻修了一些現有的建築，包括廁所、雞舍、廚房和小餐廳。

為了建造地下大廳，阿維達找來了一家耶路撒冷的包商，他們曾經參與一九二〇年代在史科普斯山建造希伯來大學校園的工程。這個工程在當時是規模最大的建案之一，而且就在阿維達幾年前被炸傷雙手的地點附近。二十二天內，這家包商就在地下約十英英尺處挖出了一座長一百英尺的地下室。

如果有人開口問起，這群拓荒者就說他們在蓋地下儲藏室，要用來存放附近的果園和田地收成的蔬果。他們會說之所以要蓋地下室，是因為要保持農產品的新鮮。

這座秘密地下室有厚重的混凝土屋頂保護，但屋頂上有兩個開口，各自通往不同的新建築：一處通往烘焙坊，另一處則是往洗衣房。下面有一條生產線，使用的是第一次世界大戰時代的設備，先在華沙購買，再經黎巴嫩的貝魯特走私進入以色列。彈殼要用的銅則裝在標示成口紅外殼的箱子裡，同樣走私進巴勒斯坦。

為了掩蓋子彈工廠的噪音，阿維達需要洗衣房二十四小時運作，而為了達到這點，他需要爭取客戶。因此阿維達叫那群移民在雷荷弗特開了個分部，很快就開始替當地大多數地區承接洗衣業務。洗衣房贏得了附近一間醫院的合約，後來連要蒙騙的英軍都成了他們的客戶。

但他們不能冒險。地下大廳裡裝了太陽燈，讓這些製造子彈的「農民」看起來都曬得黑黑的，好像整天都在田裡工作一樣。

烘焙坊的開口有一座巨大的十噸石窯蓋著，石窯裝在軌道上，可以往旁邊滑動，露出隱藏的樓梯。洗衣房的開口則由洗衣機掩護，同樣只要拉一根拉桿就能移動。

阿維達日後將成為以軍最早期的幾位將領之一，還會當上以色列駐蘇聯大使。這時的他秘密將工廠直接接上附近的供電網，以免有人懷疑為什麼一個新成立的小型集體農場會用這麼多電。

最後，為了避免有人來訪，集體農場的農民到城裡散播流言，說他們的社區爆發了口蹄疫。他們在集體農場的大門放了一面告示牌，叫來訪的人都要先把鞋子泡過消毒水才能進去。

計畫非常成功，英國人絲毫沒有起疑。但還是有幾次驚險的經驗。一九四八年年初就發生過一次，那時一列載著英軍士兵從加薩走廊前往洛德（Lod）的火車因地雷爆炸而出軌，地點就在集體農場下面。有二十八名士兵陣亡，還有幾十員受傷。發動攻擊的是錫安主義組織萊希（Lehi, Lohamei Herut Israel），又叫史特恩幫（Stern Gang）。這個組織比哈加拿更為激進好戰。

女性在名為阿雅隆機構的洗衣房底下的子彈工廠內作業。（AYALON INSTITUTE）

爆炸一發生，這裡的人就開始擔心英國人會懷疑集體農場與爆炸案有關，並派兵前來搜索。地下子彈工廠馬上停工，並叫所有工人全部出去。可是他們要怎麼防止英軍前來搜索呢？工人們決定要趕到火車出軌處提供援助，包括食物、飲水和醫療服務。這樣一來，英國人當然就會覺得這個大方提供援助的集體農場不可能是發動攻擊的人。

阿雅隆機構運作了將近三年，從一九四五年到一九四八年以色列建國為止，一共製造了超過兩百萬發九公厘子彈。在工廠的全盛時期，這裡的工人一天可以製造四萬發子彈，每一發上面都刻著EA兩個字母。E代表Eretz Yisrael（希伯來文「以色列之土」），A則代表阿雅隆。

戰爭結束後，阿雅隆機構被吸收進以色列軍事工業公司（Israel Military Industries, IMI），是該國的第一家國防企業，到了現代則是世界知名開發飛彈、火箭與裝甲的公司。

但這個過程需要時間。這時即將成為國家的這裡需要管道取得武器，而隨著戰爭即將爆發，他們更需要快速取得的管道。可是幾乎沒有人願意賣武器給這個很快就要成為國家的孤立政治實體，美國、英國和蘇聯都不願意。

但有一個國家例外，就是捷克斯洛伐克。

以色列空軍的第一批飛機，是四架納粹德國空軍留在捷克斯洛伐克的梅塞施密特戰鬥機。每架飛機分別拆成零件運到以色列，然後在組裝後裝上一挺機槍和四枚七十公斤炸彈。其他從義大利運過來的飛機為了延長航程，把座位拆掉後裝上了油箱，以便安全飛到以色列。

捷克人還同意供應以色列步槍和四門一戰時使用過的大砲。這沒關係，只要能射擊，以色列來者不拒。

除了軍火採購案之外，以色列在暗中還有一些頗有創意的管道可以取得武器。有一群以色列軍武採購人員跑去英格蘭建立了一家空頭電影公司，宣稱要拍二戰電影。他們雇了一整組工作人員，包括演員和製作人等等，甚至買了電影裡要用的飛機。

在一場空戰的幾個開始鏡頭，飛機在多雲的倫敦起飛。攝影機從地面拍到它們飛走，然後轉向東南飛往以色列。

這些小花招當然很棒，可是以色列高層知道這些招數不能永遠用下去。以色列需要更安全的管道來取得武器，但這得先等等，因為以色列要先打一場生存之戰。

—

一九四八年五月，預期已久的戰爭終於爆發了。中東地區有五個阿拉伯國家的軍隊同時對以色列發動有計畫、有組織的入侵。這個新國家似乎一點希望也沒有。阿拉伯人擁有武器優勢，他們有戰車、大砲與組織良好的空軍；以色列連一門大砲或戰車都沒有。

各方對以色列成功的機率有著不同的評估，但戰敗一直都是可能性之一。有一位軍方的高階指揮官在向猶太領袖簡報時，提出了五五波的生存率。

「我們戰勝的機率和戰敗的機率相差不遠，」這是該指揮官的發言（註一）。

戰爭相當殘酷，以色列在數量與火力上都比敵軍來得弱。最後有超過六千名以色列人陣亡，還有一萬五千人受傷。但這個猶太國家最後還是存活了下來，這都要拜非傳統戰術、驚人的付出與前所未有的臨機應變所賜。以色列達成了不可能的成就。

有一個例子發生在雅德莫德凱（Yad Mordechai），這是在加薩走廊北方、地中海沿岸的一處小農村。這裡有約一百五十員以色列士兵，只用七十五把步槍、三百枚手榴彈和僅僅一挺火箭發射筒，就把埃及的一整個機械化師擋在這裡六天。

還有另一個故事，主角叫羅．連納（Lou Lenart）。

連納生於一九二一年的匈牙利，九歲時和家人一起搬到美國，在他們定居的賓州小鎮常常成為反猶人士毆打與叫囂的目標。他很早就發現自己如果想要生存就必須變強，而為了要變強，他就必須加入海軍陸戰隊。

連納成了一名飛行員，在服役七年後，他已在沖繩戰役與攻擊日本本土的行動中飛過許多戰鬥任務。戰後他發現自己留在匈牙利的親戚死在奧茲威辛集中營（Auschwitz）。連納回到洛杉磯，開始思考以色列——或者應該說當時還叫巴勒斯坦——的事。

多年後，他回想當時，是這樣對我們說的：「我的家人死在奧茲威辛，我認為猶太人大屠殺的生還者應該享有生存權與某種程度的幸福，可是世上沒有人想要這些人，只有他們在以色列的同胞除外。」

他在洛杉磯加入了一群猶太飛行員，和他們一起前來協助以色列作戰。他於一九四八年四月抵達，正好是戰爭爆發前一個月。他馬上獲派去重新組裝幾架捷克製 Avia S-199「騾式」

戰鬥機[1]。

到了五月中旬，戰爭爆發，飛機終於準備好了。以色列在約一週的交戰後，已被逼到了絕望的邊緣。一支由一萬五千名埃及士兵和五百輛車輛、戰車組成的部隊就停在阿什杜德（Ashdod）的地中海濱海道路上，這裡離特拉維夫南邊只有幾英里遠。以色列士兵在前一天晚上炸毀了一座橋，但埃及軍只要再過幾個小時就能修好。一旦橋樑恢復通行，這支部隊隔天早上就會進入特拉維夫，而只要特拉維夫淪陷，以色列也就完了。

連納知道了這支埃及部隊受阻的事，並把手下的飛行員都找了過來。他說他們要往南飛去轟炸埃及軍。但有兩個問題：這些飛機才剛組裝完成，沒有真正出過任務，因此沒有人能百分之百確定這些飛機到底能不能飛。另一個問題則是這些飛機的存在仍是機密。這可不是以色列原本打算向世界介紹自己新成立空軍的方法。

這些問題都阻止不了這群飛行員。但風險實在太大了。連納是編隊的長機，因此第一個飛到埃及部隊的上空。他在一群車輛上空俯衝投彈，幸運地擊中一輛油罐車，造成一系列的

1　譯註：即前文提到的德國梅塞施密特 Bf 109 戰機，戰後由捷克斯洛伐克改良的型號稱為 Avia S-199。

誘爆。其他飛行員也跟進，一起以機槍掃射地面上的部隊。

埃及軍被奇襲嚇了一跳，幾個小時內便放棄前往特拉維夫，開始往東加入約旦軍攻打耶路撒冷的行動。特拉維夫得救了，這座擋住埃及軍的橋日後命名為阿德哈隆橋（Ad Halom），希伯來文的意思是「到此為止」。

連納沒空多想這次行動成功的成果。他告訴部下，不管這次的成功是出於運氣、命運還是直覺高人一等，那都不重要。他們還有一場仗要贏。

「我們有個相當獨特的軍事問題，」「老傢伙」說，「我們寡不敵眾。」

這時是一九五三年。一場戰爭結束了，但「老傢伙」——以色列第一任總理、相當於以色列版喬治·華盛頓——大衛·本古里安（David Ben Gurion）知道，下一場戰爭爆發只是時間早晚問題而已。

本古里安擔心的是以色列作為只有幾十萬猶太人口、身邊卻被幾百萬阿拉伯敵人包圍的國家，未來要怎麼續存。

因此他請假離開在耶路撒冷的工作，前往自己在小農村斯德波克（Sde Boker）的小屋。這座農村就在內蓋夫沙漠（Negev）的自然景觀地拉蒙坑（Ramon Crater）。

幾天後，他回到耶路撒冷的總理辦公室，手裡多了一份文件，標題是「國防暨軍隊狀態準則」（The Doctrine of Defense and State of Armed Forces）。這份準則直到今天，都在小規模調整後持續決定著以色列國防的基本架構（註二）。

大原則很簡單，而且也適用於今天的以色列：以色列需要明確的軍事素質優勢。以色列的士兵比敘利亞少，因此訓練必須更為精良；它的戰車比埃及少，因此型號必須更先進；由於它的空軍最後會買和沙烏地阿拉伯一樣的F－15，因此以色列空軍的該型機必須配備特別設計的導引炸彈與先進的電戰系統。以色列就是需要確保自己的武器與戰士在品質與素質上都勝過對手。它不需要更多，品質更好就可以了。

但問題就在於如何達成這個目標。當時沒有人會想像這個新成立又缺乏資源的國家能建立、維持獨立的研發與生產能力（註三）。

因此本古里安的結論是，以色列必須找到願意賣武器給自己的國家。但在一九五〇年，這是不可能的選項。美國、英國和法國已經發佈三方宣言，一份多國提議不要將軍火出口到中東地區的協議。這些國家認為，如果他們把武器賣給以色列，蘇聯就會同時提供阿拉伯國家武器；如果他們不賣，蘇聯也就會克制。

這樣一來，以色列只剩下一個選項：當起土匪，以各種陰謀和冒險的方式尋找武器，有時還得和最不可能的夥伴打交道。

本古里安為了打頭陣，將國家的命運交給了一位來自波蘭、二十六歲的集體農場村民，他名叫希蒙·佩斯基（Shimon Perski），他的姓氏在轉為希伯來文後，變成了「裴瑞斯」（Peres）。

裴瑞斯在以色列獨立戰爭期間擔任本古里安的助理，表現讓總理印象深刻。而這位以色列領袖也相信，他就是那種可以參加花俏的外交雞尾酒會，晚上又捲起袖子把非法購得的武器塞進碼頭貨櫃裡的那種人。裴瑞斯被派去當國防部駐紐約代表團的副主任，他的任務非常明確：替以軍找到武器並買下來。

裴瑞斯的行動讓他見到了一些相當陰險的人物，例如惡名昭彰的卡車司機工會領袖吉米·霍法（Jimmy Hoffa）[2]，也去了因為搭乘的飛機引擎著火迫降的哥倫比亞波哥大這種地方。他在墨西哥談好了一樁交易，要買下四十六輛戰車，連鑰匙都收到了，後來才發現這些戰車根本不存在，在墨西哥邊界某處消失了。

裴瑞斯在四處奔走的過程中發現，沒有人真的在乎以色列的問題。就像許多偉大的業務員，他發現達成目標的秘密，就在於讓合作夥伴了解和自己合作為什麼有利。在他這邊，這就表示他必須說服對方和新成立、孤立無援的猶太人之國合作是有利可圖的。

裴瑞斯在哈瓦納試著說服古巴秘勤局官員替新生而孤立的猶太人之國採購武器。裴瑞斯在中午十二點出現在警察總部的會議現場，他以為對方是叫他這個時候來，但卻有一位私下竊笑的秘書告訴他，說他要拜訪的艾福萊莫先生（Efraimo）從不在白天開會。

「先生的意思是半夜啦，」櫃台人員解釋道。

裴瑞斯在十二個小時後回到警察總部，但對方沒讓他進辦公室，而是帶去附近的一家夜店。在喝了幾杯、和當地的女孩調情幾句後，裴瑞斯和艾福萊莫終於談起了正事。

2 譯註：詹姆．「吉米」．瑞斗．霍法（James "Jimmy" Riddle Hoffa）是國際卡車司機兄弟會（International Brotherhood of Teamsters, IBT）於一九五七至一九七一年之間的會長。該組織係工會團體，而他本人則從年輕到失蹤為止都涉及各種組織犯罪。

「能怎麼辦呢？」裴瑞斯後來解釋道，「我們有許多交易對象都是見不得光的人，甚至包括幫派份子。我們沒有別的管道了。(註四)」

一年後，裴瑞斯得知加拿大正打算賣出淘汰的二戰時期大砲，其型號正是以軍非常想要的類型。他很快問了一下，發現加拿大願意賣，但要兩百萬美元，以色列沒有這麼多錢。

裴瑞斯決定想辦法募款。他前往蒙特婁見到了山謬・布隆夫曼（Samuel Bronfman），一位知名的猶太慈善家，同時也是世界最大烈酒公司之一的老闆。

布隆夫曼同意幫他和加拿大政府談，試著讓對方打個折。他成功後——把價格砍了整整一百萬——便問裴瑞斯他要和誰要剩下的一百萬。

裴瑞斯說：「你啊。」

布隆夫曼被這個以色列人的自大態度嚇了一跳，但馬上恢復冷靜，叫他太太去擬一份當天晚上晚宴要邀請的五十人賓客名單。然後看了看裴瑞斯，發現他穿著藍色套裝配白襪。「你不能穿這樣來吃晚餐，」布隆夫曼說，並叫他回家路上去百貨公司買一雙正式的襪子。

當晚稍後，就在主菜端上桌時，裴瑞斯發表了一段演講，說到這些大砲對以軍和國家的生存有多麼重要。賓客們聽了便打開支票簿，準備捐款。

——

這種充滿熱情的文化是以色列這個抵抗著種種逆境而成立、持續生存的國家所特有的東西。裴瑞斯做的這種事——抄捷徑、走私等等——都是預料之中的事情。這個猶太人之國的未來正受到挑戰，因此幾乎任何方法都是可以考慮的。

裴瑞斯在紐約的時候，聯絡上了一位名叫阿爾・史溫默（Al Schwimmer）的老友，他是一位猶太裔機工長，在獨立戰爭前曾協助走私飛機到以色列，包括連納用來轟炸埃及軍的捷克戰機。

裴瑞斯在戰爭期間認識了史溫默，當時他待在本古里安身邊，在那個時候就已經對這個美國人的眼光、投入與對同胞的忠誠印象深刻。

史溫默以前在環球航空（TWA）工作。二戰爆發後，他便加入美國陸軍航空隊，在戰爭期間飛越了大西洋超過兩百次。對這時的他而言，身為猶太人其實沒什麼特別，但在前去造訪一處解放後的集中營、又見到一群大屠殺倖存者之後，他便有了一股強烈的渴望，要協助猶太人在應許之地建立獨立的國家。他相信猶太人要能安居樂業，就一定要有自己的國家。

史溫默回到美國後，便找到哈加拿在紐約的代表，並提出要協助對方。哈加拿花了一點時間，但還是給了他一個清楚但危險的要求：請幫我們建立一支空軍吧。這件事甚至稱不上合法。根據中立法案，美國公民是不可以在沒有取得政府許可的狀況下，將武器出口到交戰國的。

但史溫默決定要幫忙。身為老兵，他能以折扣價買到戰後淘汰的飛機。他找來了一群猶太飛行員與工程師，都是自己在二戰期間一起服役的同袍，然後他就和這群人一起買飛機，只要是能飛、買得到的，他們來者不拒。這些人只有極少數知道真正的目的，大多數都以為史溫默是要幫巴拿馬建立一家國營航空公司，以便把牛隻運到歐洲。

買來的飛機運到洛杉磯附近的一處機庫，經過修理、拆解後裝上貨櫃，然後以海運或空運送到義大利。哈加拿在當地找到了一處廢棄機場，並將所有飛機集中在那裡，然後才飛到以色列。

以色列獨立戰爭結束後，史溫默不顧自己所背負的刑事案件，還是回到了美國。他和他手下的人租了一間豪宅，屋主是一九三〇年代推出許多著名音樂劇的好萊塢明星珍奈．麥當勞（Jeanette MacDonald）。

史溫默出庭受審，但逃過了牢獄之災。他被罰一萬美元的罰金、被剝奪老兵身分，還被褫奪公權，因而失去了投票權，也不能擔任聯邦職務。史溫默從未請求特赦，但後來在二〇〇一年柯林頓總統卸任前，他還是得到了總統的特赦。

這個判決沒有影響史溫默。他馬上重操舊業，其中也受到了裴瑞斯的許多鼓勵。他開了一家新公司，叫國際航空（International Airways），以便用來當作門面。這家公司的辦公室就在洛克希德飛機公司（Lockheed）位於洛杉磯北邊的伯班克（Burbank）工廠一角。

裴瑞斯和史溫默最早的合作行動之一，就是要把P－51野馬式戰機走私到以色列。美國空軍已經把這款單座機全數退役，卻不願意賣給以色列。這些飛機最後被賣到了德州的一處廢鐵場，但政府並不知道廢鐵場的業主馬上轉手以完全相同的價格，將這些飛機賣給了史溫默。

飛機送到伯班克後，史溫默和手下重新把飛機組裝好，確保飛機可以使用，然後才再次拆解，裝入寫著「冷凍冷藏設備」的貨櫃送往以色列。

到了一九五一年，這群人已經在將蚊式輕型轟炸機（Mosquito）從美國送往以色列了。有些飛機是拆解後以貨櫃運到以色列，其他則是直接在中途多次加油後飛到以色列。在一次這樣的走私任務中，還有一架飛機在加拿大的紐芬蘭省上空失聯。

這架飛機的飛行員是雷．克茲（Ray Kurtz），他是一位美籍猶太人，來自布魯克林，二戰期間服役於美國陸軍航空隊。克茲在戰後成為第二五〇消防分隊（Engine Company 250）的消防員，就在布魯克林的佛斯特大道（Foster Avenue）上。但他在一九四七年離職，以便加入史溫默的非法走私飛機行動。

有一次尤其值得紀念的行動，是當時以色列航程最遠的轟炸任務。克茲駕著一架B－17轟炸機，從捷克的一處空軍基地一路飛到了開羅。他本來應該轟炸埃及總統官邸之一的阿布丁宮（Abdeen Palace），但炸彈沒有擊中，而是散落各處。即使如此，這次轟炸仍是這個新國家的一件大事：以色列成功突破了防線，攻擊了埃及深處。

而執行這次任務的以色列英雄克茲卻在走私更多飛機前往本國的路上失蹤了。裴瑞斯和史溫默決定要馬上發動搜救行動，並在北極圈外的小鎮鵝灣（Goose Bay）建立行動基地。

他們根據當地愛斯基摩人宣稱看到蚊式衝進雪堆的證詞開始搜索，團隊花了七天在冰河與山地間飛來飛去，最後卻什麼也沒找到。

雖然這次任務以失敗告終，但卻有一個日後將會改變以色列的想法在鵜灣誕生。在極地漫長的夜間，裴瑞斯和史溫默花了好幾個小時聊天，想像著以色列再也不需要用這種手法取得飛機的一天。裴瑞斯預言，未來以色列將會有自己的航太公司，打造自己的飛機。

裴瑞斯還記得大多數搜救人員對他投以憐憫的眼光。他們以為這個人是在幻想。一個被迫從北極圈走私飛機的小國，怎麼可能指望有一天能打造自己的飛機？但史溫默認真聽了他的話，並向他保證這是做得到的。裴瑞斯後來說：「以色列的航空工業就是在鵜灣成立的。（註五）」

回到紐約後，裴瑞斯得知正式來訪美國的本古里安才剛到達加州。他和史溫默一起搭上飛機，向「老傢伙」報告搜救任務失敗的事。

史溫默和裴瑞斯在伯班克的洛克希德公司見到了本古里安，並將他帶到了史溫默位於轉角的修理廠。本古里安困惑地走了進來。他不懂史溫默究竟是怎麼以如此少量的裝備修好飛機的。「你要不要來以色列好了？」總理問道，「我們需要自己的航太產業，我們需要自立門戶。」

對本古里安而言，獨立的航太產業就是他幾年前提到擁有品質上的軍事優勢時，所想表達的意思。以色列有了自己的航太公司，就能確保擁有整個中東地區的制空權。

一陣說服之後，史溫默還是了解到以色列面臨的風險。他接受了本古里安的提議，但有幾個條件：這家公司必須不受任何裙帶關係影響，其運作的方式就像美國的公司一樣。

本古里安同意了。「以色列需要你，來吧。」

一週內，史溫默就草擬了一份長達三十頁的工作計畫，當中列出了他需要的所有裝備，從液壓吊車到各種螺栓、螺絲全都包括在內。

接下來才是困難的部分，他們得說服政府出資才行。裴瑞斯和史溫默搭機來到以色列，開始推廣這個想法，在一系列與政府和軍方高層的會議中描述以色列航太工業公司（Israel Aerospace Industries, IAI）的構想。

一如預期，他們從一開始就遇到了阻礙。空軍司令宣稱以色列不需要航太公司，財務部拒絕提供預算，運輸部長甚至連考慮都不願意。他說以色列連國產車都沒有，怎麼可能去想製造飛機的事？

裴瑞斯不願意放棄。他成功募到了一筆錢，再加上國防預算上的額外出資補充。幾個月內，洛德郊外開始蓋起了新的機庫，就在以色列的國際機場旁邊。史溫默回到美國，以便購買需要的裝備。

到了一九五五年，公司開張了。從B－17轟炸機、C－47運輸機、蚊式轟炸機、史提曼（Stearman）飛機到任何願意賣的人賣來的其他機種，全都來到這裡接受維修。一年內，這家公司便擁有超過一千名員工；到了一九六〇年代中期，這家公司擁有超過一萬名員工，是以色列最大的單一雇主。

ＩＡＩ並沒有滿足於維修飛機而已。到了一九六〇年，這家公司就推出了自行生產的飛機，使用的設計圖是從法國買來的。這次重大的里程碑讓ＩＡＩ有自信能尋求下一個更複雜的挑戰。這家以色列的公司正踏上成為國際強權之路。

——

一九五一年年底，裴瑞斯返回以色列。本古里安對他的手下在紐約的表現十分滿意，並指派他去國防部當局長，這是以色列國防體系最高階的非政務文官。雖然ＩＡＩ已經成立了，但它仍然在萌芽期。以色列仍然無法獨力取得武器。它需要一個常設的供應商、需要一個國家供應他一些東西。

「我們要多開幾條線，」裴瑞斯當時對他的副手說，「或許有幾條會釣到魚也說不定。」（註六）

在三方宣言仍然有效的時代，以色列的選項十分有限，可是就在一九五五年，一切都改變了。蘇聯決定要提供價值兩億五千萬美元的現代化精密武器給埃及，而且中間經過的國家正是在獨立戰爭前幫過以色列的捷克斯洛伐克。一場潛在的衝突正在醞釀，西方國家也發現自己不能再袖手旁觀了。

在耶路撒冷，這個消息十分驚天動地。埃蘇兩國的軍售案包括先進的米格戰鬥機、長程轟炸機和數百輛戰車與裝甲運兵車。以色列需要有可以協助的對象。時任以色列總理的莫西·夏里特（Moshe Sharett）提出了一個想法，就是向美國求援。美國是第一個在聯合國承認以色列的國家，該國境內本身就有約五百萬的猶太人口，因此在文化上與猶太人之國的關係也相當密切。

夏里特認為，只要以色列採行更為自制的政策，或許就能說服美國供應同等數量和品質的武器，進而與蘇聯提供給埃及的裝備抗衡。

可是美國卻不願意收回艾森豪總統推行的政策，依然拒絕成為中東的主要武器供應商。美國人願意給以色列經濟協助，但武器不行。

在美國之後還有英國，時任國防部長的賓查斯・拉馮（Pinhas Lavon）認為也是以色列主力供應商的可行候選國家。裴瑞斯去了一趟倫敦，但英國人卻冰冷以待。英國對以軍最近在加薩走廊發動的一次攻擊不太高興，因此

西蒙・裴瑞斯（圖右）與大衛・本古里安於 1960 年代早期視察正在興建的核子反應爐。（MOD）

不願意交出以色列當年稍早訂購的戰車。英國同時已同意要賣兩艘驅逐艦給埃及，目前不太打算換邊站。

這樣就只剩一個可行的選項了：法國。法國是除了英國以外，歐洲唯一大多數武器都在國內製造的國家，包括戰鬥機、戰車和大砲。

當時的以色列與巴黎當局其實沒什麼國防上的往來。它透過一位住在巴黎皇宮裡的波蘭貴族充當代表，買了一些武器，但雙方官方上沒有來往。於是裴瑞斯搭機前往巴黎，與法國副總理見面。幾週內，他便談成了購買一五五公厘火砲的事。

裴瑞斯來到巴黎時，正值法國最混亂的時期之一。一個個政權此起彼落，以色列很擔心這麼不安定的局勢會使它無法與法國建立清楚且具戰略性的合作關係。但裴瑞斯在別人看到缺點時卻窺見了機會。他發現在不安定與混亂中，他能遊走在不同的單位之間，建立談成協議所需的種種人脈，不論現在的政府到底是誰當家。

裴瑞斯還打算利用法國國防圈內，他所感覺到對以色列的同情心。一九五〇年代的法國正在阿爾及利亞作戰，以便保有對這個北非國家的控制權。包括埃及在內的阿拉伯國家都支持阿爾及利亞的叛軍。這樣的狀況正是裴瑞斯所設想的「敵人的敵人就是朋友」的經典案例。

正當裴瑞斯在巴黎鋪路時，以色列國內則有不少人覺得國家的大限已到。到了一九五六年初，蘇聯武器已開始送達埃及。耶路撒冷當局發佈「以色列政策」，呼籲公民自願花時間加強全國各地的防禦工事。有許多人都帶著珠寶手錶出現在國防部的大門外，將手上任何可能可以協助購得武器的東西慷慨解囊。大家都覺得只要埃及總統納瑟（Gamal Abdel Nasser）一拿到武器，就會馬上發動攻擊。

裴瑞斯來來回回了好幾趟，最後成功建立了與法國軍購所需的關係。雖然偶有挫折，武器還是開始流入以色列。

以色列與法國的關係很快就

1964年，裴瑞斯（左二）陪同總理艾希科爾（左三，Levi Eshkol）在法國與時任法國總理的龐畢度（Georges Pompidou）碰面。（IDF）

超越了軍購往來的層面。一九五六年七月，納瑟宣布將蘇伊士運河國有化。裴瑞斯抓到了這個機會，決定利用這次危機將以法同盟推進到新的境界：說服巴黎當局將一具核子反應爐賣給以色列。

一天之內，裴瑞斯就和法國國防部長莫里斯．布爾熱－莫努里（Maurice Bourgès-Maunoury）見了面。莫努里想知道以色列需要多久才能跨越西奈半島，奪回對蘇伊士運河的控制。當莫努里問到以色列是否願意加入英法兩國、從事三方軍事行動時，裴瑞斯馬上把握機會。他說：「在某些狀況下，我相信我們可以作這樣的準備。」

這個「狀況」就是以色列最重要的資產——在沙漠小鎮迪莫納（Dimona）建造核電廠的核子反應爐買賣案。這座反應爐將讓以色列擁有中東地區無人能及的嚇阻力。法國人同意了，幾週後，法國、英國和以色列的政府高層便於薩弗瑞（Sèvres）見面，以便將入侵計畫定案。在簽署協議前，裴瑞斯還私下見到了法國總理與國防部長。

裴瑞斯後來說：「我是在那裡與這兩位領袖確認在以色列南部的迪莫納建造核子反應爐，以及提供天然鈾燃料這兩件事的。（註七）」

當月稍後，以軍便入侵了埃及。史溫默和裴瑞斯幾年前走私到以色列的野馬式戰機首先進入敵境，其機身裝有特製纜線，用來割斷埃及的通訊電纜。這次精明的攻擊造成埃及在西奈半島的部隊陷入嚴重混亂。幾天後，英軍和法軍便加入以軍。戰爭本身並不如計畫般順利，但以色列仍達成了與法國加深關係的目標。

——

到了一九五八年，以色列與法國之間的武器買賣已成常態，兩國也開始討論可能的先進噴射戰機軍售案。看來中東地區的軍力平衡終於要擺正了。

以色列想要加深兩國的關係，因此國防部問對方，能否讓以色列空軍派一名飛行員參加法國的試飛員訓練。巴黎同意了，並盛大歡迎這位飛行員。

獲選前往法國受訓的飛行員是丹尼·沙皮拉（Danny Shapira），一位在以色列土生土長、前景看好的飛行員。沙皮拉小時候曾看見德國飛船齊柏林伯爵號（Graf Zeppelin）從他的家鄉海法上空飛過，從此便愛上了飛行。

到了沙皮拉十五歲時，他會偷偷跑去戲院，觀看任何跟戰鬥機飛行員、飛機或甚至只要稍微與航空有關的電影。他開始駕駛滑翔翼，還會去附近農村的男童俱樂部，仔細研讀任何與航空有關的書籍雜誌。一九四四年，沙皮拉在十九歲的年紀拿到了飛行執照。

一九四八年五月，就在猶太人族群正準備迎接戰爭時，沙皮拉獲派和一群飛行員一起前往捷克斯洛伐克，以便完成戰鬥訓練。這群飛行員在五月十三日，搭著第二天本古里安的獨立宣言前最後一班獲准離開巴勒斯坦的民航機離開。這就是以色列空軍第一批受訓的飛行員。

到了一九五九年，沙皮拉已打出名聲，成了以色列最優秀的戰鬥機飛行員之一。他在獨立戰爭與蘇伊士運河危機期間都奮勇地完成了許多任務。

此時的以色列空軍急需擁有自己的試飛員，因此空軍司令埃澤・魏茨曼少將（Ezer Weizman）便派沙皮拉前往法國，接受進階試飛員訓練。沙皮拉果然以高分結訓，隨後魏茨曼便請他留在法國，評量一款新的戰鬥機，名叫幻象。

幻象戰機這時仍在法國飛機製造商達梭（Dassault）開發中，並且還是最高機密，但法國已完成兩架原型機，且有興趣與以色列空軍簽下大筆的合約。幻象戰機在當時可是一大技術突破，它採用三角翼，是第一架突破兩馬赫的歐洲自主設計戰機，這都要拜其獨特的火箭推進系統所賜。

魏茨曼告訴法國人，雖然他對這款飛機很有興趣，但他一定要派自己手下的飛行員檢視、試飛才會購買。法國人不太滿意，說只有法國飛行員有資格飛幻象。

魏茨曼拿出以色列人標準的「無畏」精神，對達梭的執行長班諾-克勞德·瓦利耶赫（Benno- Claude Vallières）說：「我派了丹尼·沙皮拉去你的試飛員學校，你也給了他證書，說他能飛你們所有的飛機，那就讓他飛吧！如果丹尼·沙皮拉不能飛，那我們就不買。」

法國人同意了。

第一趟飛行十分順利，沙皮拉對這款飛機的性能也印象深刻，但接下來才是真正的考驗。一九五九年六月二十六日，他要在魏茨曼面前再飛一次。

試飛當天，沙皮拉提早來到基地著裝。幻象戰機的飛行員必須穿著特殊的加壓服裝與氧氣面罩。他的壓力非常大，直到跨過跑道登機，他才發現自己忘了換上戰鬥靴。沒關係，起飛的時間已經到了。飛行的第一部分很順利，沙皮拉輕輕鬆鬆就爬上了四萬英尺。接著他按下火箭開關。速度急遽上升，讓沙皮拉有點措手不及。

「我現在一點一馬赫。一點三、一點九、兩馬赫，」沙皮拉回報給管制室，就是魏茨曼興奮地看著他飛行的地方。「兩千年來第一次，兩馬赫，」魏茨曼對達梭公司的高層喊道，他指的是猶太人花了兩千年，才終於在以色列地（Land of Israel）上再次建立一個主權國家。

但就在魏茨曼開心地手舞足蹈時，沙皮拉卻正做著最壞的打算。飛機一直在爬升，他甚至一度看向自己身後，然後自言自語：「丹尼，你快離開地球了。」

駕駛艙內有一盞紅燈突然亮起，說明沙皮拉已超過了飛機的最高速限。他在六萬四千英尺高空關閉火箭引擎，但卻造成飛機減速過快，使機身開始搖晃。沙皮拉還以為機身會解體。最後，他成功恢復了對飛機的控制，並適應超音速下的脆弱環境，然後便在達梭的機場安全降落。

沙皮拉雖然有點受到震撼，但還是非常喜歡這架飛機，魏茨曼也一樣。他的下一個挑戰，就是要讓達梭幫他們修改設計，以便配合以色列的需求。幻象戰機是高高度攔截機，設計上並不適合掛著炸彈攻擊地面目標。

但以色列需要具有多種功能的飛機，要能與敵機纏鬥，也要能轟炸地面目標，而且必須在同一次任務內做到兩者。法國人打造這款飛機的目的，是要攔截蘇聯的轟炸機，但聽從了沙皮拉的請求，認為也可以改裝成能掛載炸彈的機型。

「我們還要在機身上安裝一門機砲，」他告訴法國工程師。工程師對這個請求相當訝異。他們告訴沙皮拉，「算了吧，你不需要機砲，那是以前的飛機在用的。」

但沙皮拉這個未來會相當於美國的查克・葉格（Chuck Yeager）的人不願意放棄。他知道在對抗埃及與敘利亞的戰機時，那種遭遇戰的交戰距離並不適合使用空對空飛彈。以色列空軍的飛行員需要一種能在近距離使用的武器，因此他們需要機砲。

沙皮拉持續堅守立場，法國人最後讓步了，在飛機上裝上了兩門三十公厘機砲。丹尼・沙皮拉表現出了典型的以色列「無畏」精神。他只是孤身一人的以色列空軍飛行員，卻說服了世界上最大、最成功的國防企業之一，讓他們重新設計旗下的戰鬥機，只因為他的一句話。

第一批新型幻象機於一九六二年來到以色列，在短短幾年後的六日戰爭便投入戰場，一共擊落了五十一架敵機，全數以機砲擊落。

以色列與法國的蜜月期在一九六七年的戰爭結束後便曲終人散。法國的戰爭英雄兼總統戴高樂（Charles De Gaulle），以六日戰爭為藉口切斷與以色列的來往，以便與阿拉伯世界修補關係。他嚴令禁止任何武器出口到中東地區，尤其是以色列。

在詹森總統（Lyndon Johnson）執政之下，美國最後取代了法國的地位，成了以色列最主要的現代武器供應國。

雖然以色列與美國之後將會建立十分緊密、強大的關係，法國的經驗還是讓以色列學到了重要的一課：若要求生存，這個猶太人之國就不能只依賴外國協助。它必須想辦法發展自己的研發生產能力，這件事攸關這個國家的存亡。

第二章　無人機的發想

「探員回來了，」分析師探頭進入沙布台·布里（Shabtai Brill）的辦公室說道，「他拿到照片了。」

這時是一九六八年，在當時極為激烈的情報界氣氛下，這是一件大事。布里是國防軍軍事情報局——一般使用希伯來文簡稱「阿曼」（Aman）——裡的一位少校，他把自己正在閱讀的報告放到一邊，然後站了起來。

布里已經很習慣看到機密情資了，但今天仍然很特別。他們說的這位「探員」是自一年前六日戰爭結束以來，第一位成功滲透進埃及的以色列情報員之一。他手上的照片應該是要讓他們了解埃及的作戰計畫，包括在停火線後方可能進行的準備。

在情報局的主要指揮中心裡，一小群人包圍著這位探員。這個房間是所有情報在分配給各案件主官前一定要先經過的地方。阿夫拉罕·阿南上校（Abraham Arnan）是布里的頂頭上司，他的注意力都在其中一張照片上。

「你們覺得這個是什麼？」他問那群分析師，「看起來像是軍用橋樑。」實際上也確實如此，而且埃及已經把這座橋移動到離蘇伊士運河不到一英里遠的地方了。這條戰略水道連接著通商的世界，但卻也隔開了埃及與它在六日戰爭中被以色列奪走的領土。這座橋能讓戰車與裝甲運兵車跨過運河入侵以色列，其位置也太近了。

在派探員進入埃及前，以色列也曾試過以其他方式蒐集情報，以便了解埃及在運河的對岸在做些什麼。有一位軍官設計了一種特殊平台，可以裝在戰車上，讓情報官可以站在平台上，朝埃及在蘇伊士運河岸蓋起的三十英尺沙牆看過去。這個平台似乎一直都很有效，直到有一天埃及狙擊手開槍射擊一位情報官為止。

接著，以色列空軍派出偵察機沿著邊界飛行，並拍攝觀察地面上的動態。可是面對埃及軍的地對空飛彈威脅，這些飛機只能在高高度飛行，造成拍出來的照片幾乎沒有什麼價值可言。這樣一來，國防軍就只剩一個選擇：派出活生生的探員進入埃及，偽裝成埃及人經歐洲前往蘇伊士運河，以便拍照記錄邊界的動向。

阿南把照片帶到大廳另一頭，準備通知「阿曼」的高層。布里仍然站在原地，想說這一張照片就決定了以色列的生存關鍵，未免也太誇張了。

「我們得發動這樣的行動，才能拍到一張告訴我們運河另一邊在幹嘛的照片嗎？」布里問道。他明白這個情資很重要，但就是覺得不太對。居然沒有更簡單的方法可以看到區區幾百英尺外發生的事，實在太沒道理了。

布里在當天晚上開車回家時，腦海中仍然甩不掉一個念頭。他認為一定有更簡單的方法，可以取得運河另一邊的情報。他想起自己幾週前在特拉維夫看過的一部電影。電影的開頭是一小段新聞影片，其中有一幕是一位美籍猶太男孩，他在成人禮時收到了一架玩具飛機當禮物。布里一開始想像，電影的劇情就變得不重要了。他記得這種飛機有各種顏色、採用無線電控制，而且上面沒有飛行員，只需要一個遙控器就能操作。布里想到的辦法聽起來好像太簡單了：買幾架遙控飛機，機上裝好照相機，然後讓飛機飛過蘇伊士運河拍攝埃及的軍事陣地就行了。

布里知道他需要有人合作才能實行這個想法。因此他前往空軍總部四處探查，發現一位名叫施洛默．巴拉克（Shlomo Barak）的軍官週末都在開遙控飛機。他是當時以色列境內少數擁有布里這個想法所需經驗的人。

布里想讓空軍負責這件事，但他們的態度卻十分消極。「遙控飛機是玩具，我們用不到，」空軍科技部門的軍官這樣告訴布里。

因此他又回過頭來找自己的上司，向他推銷這個想法。「我們可以用很低廉的價格買個幾架、安裝照相機，然後飛過蘇伊士運河偷拍埃及人的動靜，」布里和阿南說，但阿南沒有被他說服，他先是提出要看看這種飛機實際飛起來的樣子。

同週稍晚，他們在特拉維夫郊外的一處小型機場碰面，準備進行飛行展示。巴拉克駕駛遙控飛機做了幾個動作、翻了一兩個筋斗，然後完美降落。阿南很喜歡這個想法，但想知道這樣需要多少錢。布里沒辦法馬上回答他，因此他和巴拉克一起擬了一份清單：三架飛機、六個遙控器、五具引擎、幾個備用機輪和螺旋槳，這樣一共八百五十美金。

阿南同意撥預算給他，於是駐紐約軍事代表團的一個成員就去曼哈頓的一間玩具店買了這些裝備，然後以大使館的外交郵包送回以色列，以免有人問為什麼一個以色列人旅行要帶這麼多架玩具飛機。

飛機送達以色列後，被帶到情報處的科技團隊供進一步開發使用。機上安裝了德製三十五公厘膠捲相機，還有定時器讓它每十秒自動拍照一次。

布里在飛機送達的幾週後告訴阿南：「我們準備好上場了。」但這位資深軍官還是有點懷疑。他擔心這些飛機會被埃及的防空砲火擊落，因此建議應該先看看以軍的防砲部隊能不能擊落這些飛機。

在一個炎熱的夏日，阿南和布里驅車前往內蓋夫沙漠的以軍防砲訓練基地，還對一條道路實施交管，以便拿來當跑道使用。他們甚至先通知了防砲砲手，說飛機會從這個方向過去。布里很緊張，要是他的飛機被擊落，這個想法也就到此結束了。

飛機起飛後便繞著一塊沙地飛行，砲手開火射擊。射擊的聲音震耳欲聾，持續的時間彷彿是永恆一般。布里跟丟了飛機的動向，擔心最糟的狀況已經成真。但他很驚訝，在硝煙散去後，玩具飛機仍然在高空中翱翔。巴拉克測試了一千英尺、七百英尺甚至是三百英尺的超低高度，但砲手就是打不中。這架玩具飛機實在是太小了。飛機降落後，大為折服的阿南轉向布里，准許他派這些飛機飛到埃及。

他們選中的第一個目標，是一整排的埃及軍事陣地，就在伊斯馬利亞（Ismalia）附近。

這是蘇伊士運河沿岸的一個小鎮，離提斯瑪湖（Lake Tismah），又叫鱷魚湖（Crocodile Lake）不遠。獲選操作飛機的團隊由兩個人組成，一個是「飛行員」，負責操作遙控器，另一個人則是「領航員」，負責以一組二十乘一二〇倍率的望遠鏡[1]追蹤飛機的位置，確保飛行員不會失去目視接觸。

一九六九年七月的戲劇性首飛並沒有計畫中那麼順利。首先，因為到處都是坑洞，他們很難找到能當跑道使用的道路。在找到一條一百英尺長的平地後，他們終於獲准起飛。阿南

一位不知名的士兵正在組裝 1969 年以色列派去蘇伊士運河對岸的玩具飛機。（SHABTAI BRILL）

准許他們侵入埃及領空約一英里，可是飛機一起飛就飛進沙塵中。飛機暫時消失，使眾人相當慌張，擔心飛機會在埃及墜毀，讓敵人發現以色列的最新秘密武器。擔任領航員的巴拉克叫飛行員繞圈飛行並爬升。巴拉克告訴他：「不要有壓力，繼續飛，直到我們看到飛機為止。」

在一段緊張的時刻過後，飛機終於從沙塵雲中飛出，飛行員也成功將飛機開回以色列。機上的底片馬上送去沖曬，等照片沖洗出來後，阿南和布里都十分震驚。照片的解析度非常好，可以清楚看見埃及軍方在運河沿岸構築的壕溝。就連不同陣地間的通信電纜也都拍得一清二楚。

有史以來頭一遭，以色列終於能清楚看見埃及在蘇伊士運河建造的障礙物，以及對未來戰爭的準備。

在另一次於西奈半島的任務後，阿南將團隊派到了約旦河谷，讓他們在那邊對約旦陣地發動類似的空中偵蒐行動。他們的成功令人著迷，到了當年夏末，軍事情報局局長阿哈隆．

1 譯註：即放大二十倍，物鏡直徑一二〇公厘的望遠鏡，類似於在觀景台付費觀賞風景用的那種類型。

亞里夫少將（Aharon Yariv）就決定要建立正式的開發團隊，打造較小但更為堅固的遙控飛機，以整合加入正規部隊。亞里夫寄了一封信給布里，感謝他的發明：「貴官值得為此發明得到讚揚，因為若沒有各階人士的創新，以色列國防軍便不復存在。」

幾週後，布里獲得了升遷，前去接手西奈半島所有的預警情報系統。他相信自己一手養出來的專案已經交給了值得信賴的人接手，自己應該邁出下一步了。幾個月後有一天，他接到一通電話，是他原本的夥伴打來的。對方告訴他說「阿曼」要終止這個計畫了。亞里

沙布台．布里的遙控飛機第一次飛行時拍下的照片，顯示出蘇伊士運河沿岸一處埃及港口的狀況。（SHABTAI BRILL）

夫指派的團隊試著打造新飛機，而不想依賴現有的平台，結果新的飛機一直墜機。於是「阿曼」的高層就決定這個專案太貴、反正也該歸空軍管，因此就把專案給結掉了。

布里不願沒有經過抗爭就這麼放棄。一九六九年一整年，他寄了好幾封信給亞里夫和以色列的情報高層，同時警告放棄計畫將會有嚴重後果。他請求上級不要終止計畫，但他的上級聽不進去。

一九七三年十月六日贖罪日，埃及軍跨過蘇伊士運河，發動成功的奇襲，幾乎在未受反抗的狀況下推進過了整個西奈半島。雖然以色列在這場血腥的戰爭中最終還是守住了領土，但這個國家還是在充滿創傷的狀況下才得以結束戰爭。超過兩千名士兵陣亡，是以色列獨立戰爭以來最多的一次。

布里很難忍住他的怒氣。他很確定如果他的專案沒有取消，以色列就能偵測到埃及的動向，並有充分的時間加強防禦，甚至避免戰爭。看到邊界外不遠處所發生的狀況，他認為原本是可以拯救那幾千人的性命。

「如果我們繼續拍攝運河上空區區三英里遠處的動向，我們就能看到埃及的戰車、橋樑和裝備集結，並提早發現他們正在準備作戰，」他說，「可惜這點沒有成真。」

「阿曼」知道自己的疏失，便把布里塵封已久的計畫又拿了出來，並找本地國防企業動手設計以色列自己的輕量無人空中載具（ＵＡＶ）——如今我們通常稱之為無人機。

以色列還需要幾年的時間才能讓自己設計的無人機進入可作戰的階段，但同時有兩件事情已經很清楚了：以色列需要高品質的情報，而要做到這點就表示一定要投資無人機產業。布里當時並不曉得，但他在一九六九年於蘇伊士運河河岸起的頭，最後會演化成以色列一個龐大、產值達數十億美元的產業，並讓以色列成為全球軍事強權。

經過幾年的研究、開發與試飛後，以色列的第一款無人機「偵察兵」（Scout）終於在一九七九年配發到空軍。最早期的「偵察兵」是用火箭發射，但國營的ＩＡＩ公司馬上就做出了改良型，讓它可以在跑道上起降，就像一般的飛機一樣。

「偵察兵」幾乎是馬上在實戰上派上了用場。

時間是一九八二年六月，以色列決定入侵黎巴嫩，以便解決巴解組織日漸升高的跨境恐攻與火箭攻擊問題。以色列面對的最大障礙，是近二十具敘利亞軍手下的蘇製地對空飛彈陣地就部署在黎巴嫩的比卡谷（Bekaa Valley）。這些飛彈嚴重限制了空軍的行動能力。

以色列空軍早已在準備作戰了。幾週前，「偵察兵」無人機就已飛過山谷，收集防空飛彈陣地的雷達與通訊頻率。這對以色列空軍接下來要做的事非常重要：他們要以電子戰方式癱瘓這些陣地。

以色列的全面攻勢於六月六日發動。一套電子作戰系統成功干擾並癱瘓了大多數的飛彈系統，同時「偵察兵」協助以色列的戰鬥機辨識、轟炸這些陣地。這次的行動是一大成功，以色列空軍幾乎摧毀了敘利亞所有的防空飛彈，並在一波攻擊內就擊落八十二架敘利亞米格戰機，自己則連一架戰鬥機都沒有損失。

這次的行動造成以色列的用兵思想產生了改變。直到此時都還不願相信這些新型無人機的軍官都回心轉意了。這些小型無人機突然顯得似乎有無窮無盡的潛力。

就在以色列的「偵察兵」無人機屢創佳績的同時，以色列最大的盟友美國，卻在開發自己的無人機上寸步難行。他們投入了幾十億美元、啟動了一個又一個的專案，結果卻一個接著一個收掉。似乎沒有東西是能用的。

幾年前，五角大廈才出資贊助研發「天鷹座」（Aquila），是洛克希德公司的無人機[2]。這款無人機需要幾十個人操作才能起飛，但卻一直墜毀。一九八七年，在燒了超過十億美元後，五角大廈決定讓這個專案壽終正寢（註一）。

波音公司也推出了一款名叫「兀鷲」（Condor）的無人機，翼展達兩百英尺，比它要取代的有人偵察機U－2整整多出一倍。在投入三億美金研發之後，這個專案也被中止了。前前後後只有一架兀鷲無人機完工，現在掛在加州的博物館裡展示（註二）。

一九八三年十二月，美國終於決定要請以色列幫忙了。幾週前，美國海軍為了回應一架美國偵察機被擊落的事，而對貝魯特附近的敘利亞防空飛彈陣地發動了一次不成功的攻擊。這次攻擊的結果十分慘痛：有兩架美國戰機遭到擊落，一位飛行員喪生，另一位領航員則被俘。雖然有少數敘利亞的防空砲遭到摧毀，但他們的防空火力仍逼迫美軍戰機在遠離目標之處投彈。對這次攻擊的調查指出，美軍在附近有一艘軍艦，其射程可以攻擊到敘利亞的防空系統，並且可以在不威脅到美軍飛行員安全的狀況下派上用場。但問題是海軍並不知道敘利亞的飛彈在哪裡。他們必須派出空中眼線來指出目標。

這次失敗的任務結束的幾週後，海軍部長約翰．李曼（John Lehman）來到貝魯特，並決定利用這次出訪前往特拉維夫，了解以色列使用無人機的狀況。他在一九八二年就聽說了「偵察兵」無人機的事，但從未近距離看過。當他來到以色列軍方總部時，便被帶到一處作戰中心，對方請他坐到一台小型電視機前面。以色列人交給他一組搖桿，並讓他操縱一架正在飛行的無人機。同樣地，海軍陸戰隊司令凱利將軍（P. X. Kelley）也來到以色列觀摩無人機計畫。在他這趟訪察來到尾聲時，以色列人給了他一捲類似家用錄影帶的東西，是一架盤旋的無人機所拍下來的。在部分片段中，攝影機是一直瞄準著凱利的頭拍攝（註三）。

兩人都十分滿意。但下一步，就是要想辦法讓這筆生意通過美國複雜的官僚體系。李曼決定直接跳過標準手續，讓海軍與IAI直接簽約，開發以「偵察兵」為基礎的新型無人機。美國人想要機體大一點、更強的機型，裝備更好的航電系統，以便充當軍艦的目標標定機。IAI很快就拿出了一架原型機，稱作「先鋒」無人機（Pioneer）[3]。在莫哈維沙漠（Mojave Desert）的一次示範飛行後，美國海軍就滿意了，一訂就是一百七十五架。

2 編註：美軍代號MQM－105。
3 編註：正是編號RQ－2。

「先鋒」無人機於一九八六年開始交貨，過沒多久就開始參與實戰。一九九一年，海珊（Saddam Hussein）掌權下的伊拉克入侵科威特。美國對其宣戰，以便拯救這個波斯灣國家。在一次行動中，一架「先鋒」無人機飛過了一群伊拉克士兵上空，這些士兵不知道那是什麼，便脫下白色內衣在空中揮舞。這是人類史上第一次有軍事單位對一台無人機器投降。

李曼回國後又過了幾個月，他得知洛杉磯正在開發一款新的無人機，據稱也能替海軍砲艦充當目標標定機。這款無人機是以色列工程師的作品，他最近才剛離開IAI——美軍「先鋒」無人機的製造商——的高階管理職位，以便在美國碰碰運氣。

阿柏·卡雷姆（Abe Karem）一九三七年生於巴格達，在以色列建國後不久的一九四八年移居當地。他八歲時就知道自己想當工程師，幾年後又發現了自己真正熱愛的東西：航空。他才十四歲就做出了自己的第一架飛機，兩年內就成了高中的玩具飛機社團教官。高中畢業後，卡雷姆前往鐵尼恩以色列科技學院（Technion Israel Institute of Technology）攻讀航空學，這裡相當於以色列版的麻省理工學院。他隨後加入空軍，退伍後於IAI就職（註四）。

一九七三年的贖罪日戰爭期間，卡雷姆打造了第一架無人機。以色列空軍難以突破埃及的蘇聯製防空系統，因此在幾週內，卡雷姆的團隊開發了一種誘餌，基本上是一枚以搖桿控制的飛彈，讓以色列空軍用來引誘埃及啟動雷達，同時偵測其位置，讓附近的以色列戰機發射反輻射飛彈摧毀。雖然這款誘餌相當成功，但空軍在戰後還是決定向美國購買類似的誘餌，並將卡雷姆的機型束之高閣。他曾提出投資開發國產系統、建立本國產業的重要，但沒有成功。他在挫折之下離職，並決定去美國碰碰運氣。

卡雷姆舉家搬到了洛杉磯，但卻無法負擔同時買房子並租辦公室給新的事業使用。因此卡雷姆和太太達成了一個不容易但可行的折衷方案：房子給家人住，隨附的車庫給無人機事業使用。幾個月內，卡雷姆就在他位於哈仙達崗（Hacienda Heights）、佔地六百平方英尺的車庫內建立了先進系統公司（Leading Systems），並在兩位兼職員工的協助下開始打造新的無人機。他的想法是要將無人機的成本壓到最低，這是他在IAI學到的一個重點。這款原型機稱作「琥珀式」無人機（Amber），以合板木材與玻璃纖維製造，動力取自卡雷姆從卡丁車拆下來的二行程引擎。

到了一九八〇年代中期，「琥珀」無人機還在試驗階段，但已每天升空飛行，有時一次連續飛行三十個小時。在李曼的堅持下，海軍宣布計畫購買兩百架此型無人機。卡雷姆以為他成功了，可是就在一九八七年，國會把這個預算砍掉了。卡雷姆不願放棄，開始設計「琥珀式」的外銷版，但接下來輪到銀行打電話來了：他五百萬美元的貸款該還了。卡雷姆沒錢了，只能把先進系統賣給休斯飛機公司（Hughes Aircraft），然後這家公司又轉手賣給了通用原子（General Atomics）。卡雷姆留在公司內當顧問，並開發出「琥珀式」的衍生型，叫作蚋式750（Gnat 750）。

卡雷姆的轉機來自兩個最不可能的地方：波士尼亞和以色列。一九九三年，前南斯拉夫爆發了種族戰爭，交戰雙方——正規軍和民兵——都穿著平民服裝，美國政府發現自己難以評估地面上的狀況。

這個問題交到了當時的中情局局長伍爾奚（R. James Woolsey）手上。伍爾奚在一次於蘭利總部舉行的腦力激盪會議中想起，他曾在幾年前去過以色列，並在那時第一次看到無人機參與實戰。在當地，幾位伍爾奚先前擔任海軍部次長時認識的國防部官員還帶他去參觀以軍新建立的無人機單位。這個單位負責黎巴嫩上空的監視任務。一位上校替他在基地周邊導覽，並介紹無人機操作員給他認識。

「這些人都很專業，可是看起來年輕得嚇人，」伍爾奚對上校說。以色列軍官笑了，「這裡是以色列遙控飛機社，」他說，「我們只是把他們全部聚集到同一個單位而已。」

上校接著帶伍爾奚進入附近的一座帳篷，讓他看最近一次行動的影片。伍爾奚看到畫面上有三輛賓士車正在黎巴嫩南部的一條路上行駛。接待他的人解釋說，他們的情報已經掌握到第二輛車有一位乘客是高階真主黨成員。這位軍官隨後又說，無人機以雷射目標標定器「照亮」了目標，讓附近的一架以色列空軍直昇機得以發射飛彈摧毀目標。

伍爾奚以前看過這種應用雷射導引的方式是在越戰期間，他擔任參議院軍事委員會法務長的時候。當時負責發射雷射的是戰鬥機，但伍爾奚對接下來的精準空襲有著相當不錯的印象。導覽結束後，伍爾奚也回到美國，但他已經染上無人機的癮頭了。

現在伍爾奚來到中情局、又在波士尼亞面臨嚴重的情報落差，他很清楚自己需要什麼。他告訴幕僚：「我們需要能長時間滯空的無人機。」他把五角大廈的無人機團隊叫到了蘭利，並問他們需要多久才能派無人機飛到波士尼亞上空。五角大廈的官員說：「可以做到，但我們需要六年的時間研發和五億美元的經費。」這樣的時間和金錢成本都太高了。

接著他想起了阿柏・卡雷姆。伍爾奚幾年前見過這位以色列工程師，對他的創新思維印象深刻。他打電話給卡雷姆，並直接進入重點。

「你需要多少經費和時間，才能派無人機到波士尼亞出任務？」他問。

「研發需要六個月，經費需要五百萬美元，」卡雷姆說。

「嗯，你比五角大廈報的價低了兩個量級，」這位中情局局長說，「我們來看看可以怎麼處理吧。」

伍爾奚讓卡雷姆與中情局員工「珍」（Jane）——我們不能寫出她的全名——合作，這位「珍」是開發了一套特殊無人機指揮管制系統的人。卡雷姆和珍開始工作，六個月後就讓蚋式750無人機在波士尼亞上空開始偵察行動。幾天後，伍爾奚在蘭利的七樓辦公室內裝了一個螢幕，上面即時轉播無人機拍到的畫面。中情局局長現在可以一面看著摩斯塔（Mostar）的橋上走過的人員、一面利用早期版的聊天軟體和地面基地聯繫（註五）。

五角大廈對這個成果十分滿意，並馬上轉而利用蚋式無人機的成功。它給了通用原子公司一份合約，要他們以蚋式無人機為基礎開發更堅固的機型，並配有更大的引擎與新的機翼。

蚋式最大的改變，就是通用原子決定在機上加裝衛星通訊能力。公司決定更先進的機型需要換個名字，於是就舉辦了徵名活動。最後勝出的名字就是「掠食者」（Predator）[4]。這架無人機之後將會成為美國在反恐戰爭中最致命的武器，因而聲名大噪。它會在巴基斯坦、阿富汗、伊拉克和葉門發動無數次的空襲。而這一切的背後，都有以色列和一位以色列工程師的參與。

————

無人機對軍方的吸引力，來自它們能完成「3D」任務的能力——無聊（dull）、骯髒（dirty）和危險（dangerous）。「無聊」指的是規律、平淡的任務，例如沿著國境巡邏或是海上監視。這種任務對體力的負擔甚大，而且既乏味又一成不變。人類在執行此類任務十到十二小時後就會疲憊，但以色列空軍自二〇〇五年以來的主力機型「蒼鷺」無人機（Heron）卻可以連續待在空中五十個小時。

「骯髒」指的是進入受到生化戰劑影響的空域。人類必須穿著笨重的保護裝備才能進入，但無人機可以不必冒這種風險，因此能擁有更優異的機動性。至於「危險」呢？這一點的解釋空間就更大了，但基本上指的是無人機可以代替飛行員執行，以免飛行員面臨受傷或

4 編註：美軍型號MQ-1。

死亡風險的任務。

無人機擁有接近無窮無盡的優勢，讓它們比有人戰鬥航空器更有利。它們比較小、比較輕、比較便宜，而且可以在目標上空待更久。噴射戰鬥機的優勢與劣勢，都在於其超音速的速度，雖然速度在纏鬥或需要快進快出的任務中是一大優勢，但這也表示敵軍幾乎立刻就會發現這架飛機。無人機可以在低鳴的引擎聲完全被城市交通噪音淹沒的狀況下盤旋在目標上空。這點使其成為獵殺恐怖分子等移動目標的理想武器。

自一九七九年「偵察兵」無人機交機以來，以色列空軍已採用、汰換了許多款的無人機。但不同於較大的噴射機、攻擊直昇機和運輸機大多是從海外購入，以色列的無人機都是純以色列色彩，由以色列本土公司開發製造。

自一九八五年以來，以色列是世上最大的無人機出口國，擁有六成的全球市佔率，遙遙領先第二名的美國，其市佔率只有百分之二十三點九（註六）。以色列的客戶有幾十個不同的國家，包括美國、俄羅斯、南韓、澳洲、法國、德國與巴西。舉例來說，在二〇一〇年，就有五個北大西洋公約組織國家在阿富汗使用以色列製造的無人機執行任務。

在今天的國防軍內，所有的軍種都有採用無人機。舉例來說，空軍就有使用像「蒼鷺」

這樣的無人機在各大前線執行偵察任務，包括加薩走廊、黎巴嫩和敘利亞。

蒼鷺無人機全長約二十七英尺，只比西斯納輕型飛機（Cessna）短一點，但其翼展卻長了不少，大約多了二十英尺。其動力來自後置螺旋槳，會發出一種穩定而類似割草機的聲音。這架飛機最大的優點，就是其自動飛行系統，讓操作員可以在起飛前輸入飛行路線，然後只要按四個按鈕就能讓飛機起飛。接著無人機就會飛到目標，並可以程式設定在任務結束時返航。這樣操作員就能專注在任務上，而不必分心開飛機。

「蒼鷺」的製造商IAI不願意公開這款無人機的確切造價，但業界預估其造價大約介於一千萬到一千五百萬美元之間，遠低於有人戰鬥機。以色列空軍最近購買的第五代多功能戰機F－35一架的造價，就可以購買十架「蒼鷺」無人機了。

「蒼鷺」無人機有兩種飛行模式，分別是視線模式與衛星模式。如果無人機以視線模式飛行，操作員就必須時刻保持在兩百五十英里的範圍內。若是使用衛星模式，無人機透過衛星連線接受指令，因此其距離只受到燃料的限制。但這架無人機真正的過人之處是其酬載。「蒼鷺」有不只一個地方可以掛載裝備，包括機腹、主翼與機鼻下方的迴轉環架等。環架上裝有感測器，根據任務的不同，會搭載的感測器也會隨之更換。這裡可以搭載的感測器包括日夜兩用攝影機、紅外線攝影機、雷射目標標定裝置與用來找出大規模毀滅性武器的特殊感測器。

有一種以色列設計的感測器，足以表達它們所帶來的優勢。「火戰車」感測器（Chariot of Fire）能找出地形的改變，進而發現地下火箭發射器的可能所在位置。在哈瑪斯會把火箭埋設於地下的加薩走廊等地區，這樣的能力是左右戰局的關鍵。基本上，這種感測器可偵測到隱藏的東西。

以色列的無人機最早是針對ＩＳＲ任務設計——情報（Intelligence）、監視（Surveillance）與偵察（Reconnaissance）。它的任務是飛到目標上空，並監視全般情況的發展。從很早開始，以色列軍方的規劃人員就知道這些無人機可以做更多的事，可以適應不同的需求。

無人機已經裝有雷射指示器了，可以用來「照亮」目標，讓直昇機或戰鬥機攻擊。它們為什麼不能也帶上幾枚飛彈呢？今天的以色列無人機，包括「蒼鷺」在內，據報不但擁有找到目標的能力，也有攻擊的能力（註七）。以色列政府不願證實本國擁有具攻擊能力的無人機。然而，卻有文獻指出，以色列的無人機確實擁有此類能力。以色列的無人機在國防展展示時，機翼下是有掛飛彈的，在「維基解密」（WikiLeaks）的電文也指出，以色列已確認加薩走廊有些空襲是由武裝無人機執行的。「蒼鷺」與艾比特系統公司開發的另一款中型無人機「賀密斯450」（Hermes 450），據稱都能攜帶雷射導引的地獄火飛彈（Hellfire），以及像以色列研發的「長釘」飛彈（Spike）等較小型的武器。「長釘」飛彈比較不會造成附帶傷害，據稱在攻擊通緝恐怖分子的精準轟炸中尤其有效。

加薩走廊是以色列無人機開發的原點。這裡每天都聽得到無人機那種像割草機一樣的噪音傳到窄巷內。加薩人給無人機取了個外號，叫「Zanana」，在阿拉伯文裡，這是「嗡嗡叫」或「煩人的妻子」的意思。

在加薩，無人機負責收集情報，協助以軍打造萬一發生衝突時所要使用的「目標資料庫」。在二〇一二年十一月加薩走廊舉行的「雲柱行動」（Operation Pillar of Defense）中，以軍攻擊了將近一千具地下火箭發射器，以及兩百座隧道，都是由無人機提供的情報發現、辨識的。該次行動的第一輪射擊是由無人機輔助下發動的。哈瑪斯的軍事指揮官阿米德．賈巴里（Ahmed Jabari）在加薩市區中開車，它的起亞轎車被飛彈擊中。賈巴里一直名列以色列頭號通緝名單前頭，已經逃過四次刺殺，最後終於被無人機殺死（註八）。

在以色列轟炸加薩走廊以報復火箭攻擊之前，他們先派出了無人機調查目標；在直昇機與戰鬥機前去轟炸一輛載有卡秋莎火箭砲[5]單元的汽車前，先有無人機確保沒有孩童出現在殺傷區內。當地面部隊包圍一處哈瑪斯恐怖分子躲藏的建築群時，空中也有無人機提供即時空中支援，並將士兵安全引導到建築內。如果有需要，據來源指出這些無人機也可以發動攻擊。

在以軍無人機陣容中還有比較小的成員，這些無人機不是從空軍基地起飛，而是從士兵的背包裡拿出來，然後用手丟擲出去。有一種此類無人機叫「雲雀」，於二〇一〇年開始配發到以色列的地面部隊。這架無人機重量只有十三磅，能收進士兵的背包裡。起飛後，能以最高三千英尺的高度飛行三個小時。「雲雀」無人機可以運用在各種行動，包括約旦河西岸任何一次的巡邏，也包括像是在黎巴嫩或敘利亞這種地方發動的大規模地面進攻。

這種新的作戰型態使指揮官可以快速取得山頭另一邊的情報。他們不再只能依賴空軍的偵察，這樣一來空軍也能專注在規模更大、更具戰略價值的任務上。

這種小型無人機大受歡迎，到了二〇一六年，澳洲、加拿大、美國、南韓、法國、瑞典和秘魯的軍方全都採用了這款無人機。

無人機不只改變了作戰的方式，也改變了軍隊的作戰架構，迫使各軍種都必須適應新科技所帶來的改變。在以色列建國後，裝甲團第七旅就建立了一支小型精銳部隊，名叫帕薩部隊（Palsar），其功能就像是前進的尖兵。他們會在戰車部隊之前推進，先查看前方的戰場，然後報告敵軍的位置。但在二〇一〇年，隨著「雲雀」無人機的加入，以軍決定該重新思考對這種單位的需求了，至少也應該重新定義其士兵的用途。既然都有能在戰車前面先飛往戰場的無人機了，為什麼還要派士兵冒生命危險偵察呢？

二〇〇九年，據報這年的以色列在無人機的性能上達到了新的境界（註九）。

就在這年的一月中旬，以色列的士兵正在深入加薩走廊的地方作戰。這是自四年前以色列單方面撤出巴勒斯坦以來，第一次發動的大規模地面行動。以色列政府發動了「鑄鉛行動」（Operation Cast Lead），回應前一年內遭遇超過兩千枚火箭與迫擊砲的攻擊。歐麥特總理

5 譯註：原指蘇聯二戰時使用的BM-8、BM-13等自走火箭砲，此處應是指其衍生型，加薩走廊使用的應是BM-21。

認為已經忍無可忍了。

就在以色列把注意力都放在投入加薩走廊的步兵與裝甲旅時，遠離以色列的地方有一個新的威脅正在醞釀，地點在遙遠的蘇丹。

根據以色列最高機密諜報單位以色列情報特務局「摩薩德」（Mossad）的情報，有一艘載有先進伊朗武器——包括有「黎明」火箭砲（Fajr）——的船隻，已經停到了紅海的蘇丹港。這可不是普通的火箭，這是足以改變戰局的武器。

直到當時為止，哈瑪斯的武器已使這個巴勒斯坦恐怖組織得以威脅以色列南部一百萬人民的家園。「黎明」的射程更長，可以打到特拉維夫。根據摩薩德的情報，這些貨櫃正在裝上卡車，以便往北經蘇丹與埃及運到加薩走廊邊境附近的一處庫房內。這些火箭隨後便會從地下隧道走私到加薩走廊。

參謀總長加比·阿胥肯納吉中將（Gabi Ashkenazi）[6]開始擬定攻擊車隊的計畫，但他的時間太緊迫了。只要卡車跨越國境進入埃及，他就不能攻擊了。以色列不能對埃及發動攻擊，因為兩國之間存有一份脆弱的和平協議。如果飛彈隨後進入加薩，就會消失在世上人口密度最高的地區之一。雖然以色列對加薩走廊的情報掌握度相當優秀，但仍然不夠準確。這批火箭一定要搶在抵達加薩之前擋下來，攻擊必須在蘇丹境內執行。

國防高層內部爆發了一場爭論。鴿派——反對發動攻擊的人——警告，以色列正面臨越發孤立的國際情勢。加薩走廊日漸升高的死亡人數與破壞，已經讓以色列承受不少的批評。如果有消息傳出以色列在另一個國家發動攻擊，將很難提出合理的解釋。鷹派則認為以色列不能坐以待斃，放任先進武器進入加薩走廊，這種武器的潛在威脅實在太強了。

最後的決定由歐麥特總理裁決。他一直都傾向於用隱密、官方不承認的行動解決問題。二〇〇七年，據報他不顧美國反對，同意讓以色列軍方攻擊敘利亞在該國西北部秘密建造的核子反應爐。據稱他也曾批准一系列刺殺高階人士的行動，對象是真主黨恐怖組織的高層與伊朗的科學家。

在這類行動中，總理通常會問幾個技術性的問題與其風險，然後才准許執行。以這一次行動來說，除了往常的程序之外，還必須確保外人無法將這次攻擊追溯到以色列頭上。這次任務的執行過程不能留下任何痕跡。

---

6 編註：日後出任以色列外交部長。

現在問題就剩下方法了。派出戰鬥機前往蘇丹的風險太高。只要飛機發生故障，或是埃及、沙烏地阿拉伯等國的雷達發現其中一架戰機，都會威脅到整體任務。這些國家的雷達可以涵蓋整個紅海地區。

除此以外，還有一些技術上的考量，因為目標——卡車車隊——會移動，也就是說追蹤上會比較困難。時機就是一切的關鍵。行動所掌握的情資必須準確，戰鬥機不能在蘇丹領空內待太久，而且燃料也有限。

阿胥肯納吉的下一步，就是把他的作戰處主官找來，開始規畫任務。他們必須一起諮詢空軍作戰研究團隊的人，這個團隊是由一群工程師、科學家和彈藥專家組成，可以評估目標，然後推薦適合用來摧毀目標的機型與彈種。他們考慮了許多不同的選項，最後軍方據報選了不太合乎慣常的作法：以無人機的協助來攻擊這支車隊（註十）。

這可是頭一遭。雖然以色列空軍據報導早已在先前的小規模攻擊——例如在加薩走廊攻擊單一恐怖分子——中使用過無人機，但大多都是用在像加薩與黎巴嫩等離本土較近的地方，負責偵察任務。以軍從來沒有將無人機投入像蘇丹這種遠方國家的長程打擊任務。話雖如此，這個選擇其實很有道理。無人機可以長期待在像廣大的蘇丹沙漠上空這樣的空域。它們可以在那裡盤旋，等待車隊出現。

「當攻擊的對象是固定目標、尤其是體積很大的時候，使用噴射機會比較好，」一位以色列國安方面的消息來源在空襲後告訴《週日時報》（*Sunday Times*），「但如果是沒有確定行動時間的移動目標，無人機就是最理想的選擇，因為它們可以在非常高的高度盤旋，並且持續不被敵人發現，直到目標開始行動為止。（註十一）」

隨著準備工作的進行，參與此事的人也越來越多。因此以軍拿出了自己常用的策略：分層保密。只有少數軍官知道整個任務的所有內容，其他人只會被告知與自己工作有關所需的情報。大家都知道如果發生洩密，任務就會中止，伊朗的飛彈也會抵達加薩走廊的目的地。下次以色列看到這些飛彈，就是看著它們打進特拉維夫民宅的時候了。

一片黃沙、被太陽烤得火熱的內蓋夫沙漠大多都很荒涼，沒有太多水源或植被。這裡少有以色列人居住，因此這片廣大乾燥的地域就成了以軍的主要訓練場。以色列的無人機操作員都已經是追蹤移動車輛的專家了，但直到此時，他們都是專心追蹤單獨開車或騎摩托車移動的恐怖分子。為了替這次任務作準備，他們必須練習尋找、追蹤數輛裝有飛彈的卡車。在廣大的蘇丹沙漠裡，這就像諺語所說的大海撈針。

以色列選出其最大、翼展相當於波音客機的「蒼鷺TP」，以及以軍主力攻擊無人機「賀密斯450」來當作這次任務的機型。「蒼鷺TP」先以不會被偵測到的高度飛往現場，以便找出車隊並加以追蹤。第二波由「賀密斯」無人機組成。如果必要的話，噴射戰鬥機也會加入，它們的工作則是實際發動攻擊。

轟炸行動的當天晚上，天空中有些許雲朵，但大半都仍保持晴朗。這是一月的蘇丹十分典型的天氣。就在蘇丹與巴勒斯坦走私犯穿過沙漠時，他們絕不可能想到以色列的無人機正在幾千英尺的高空追蹤他們。就算他們看到了飛彈

一架蒼鷺 TP 無人機在以色列起飛。（IAI）

朝自己飛來，也已經來不及了。有四十三名走私犯喪生，所有卡車都遭到摧毀。

第一次攻擊十分成功。幾週後的二月，伊朗又試了一次，歐麥特據報又批准了另一次空襲。這次有四十名走私犯喪生，十二輛卡車遭到摧毀。

蘇丹十分震驚。他們知道伊朗和哈瑪斯利用他們的國家當作暗中走私軍火的路線，但蘇丹總統巴席爾（Omar al-Bashir）政府卻一直以為以色列絕對不敢在一個非洲主權國家領土上發動攻擊。這樣的分析致使蘇丹政府得出了錯誤的結論：這場攻擊背後一定是美國。第二次空襲後幾天的二月二十四日，美國駐喀土穆（Khartoum）大使館的代理大使亞伯托・費南德茲（Alberto Fernandez），就被蘇丹外交部請去藍尼羅河河畔和美洲司司長納斯雷丁・瓦利（Nasreddin Wali）開會了（註十二）。

「我這邊有一些敏感且令人擔心、與你相關的情報，」瓦利對費南德茲說。這位美國官員知道接下來要談什麼，但他仍保持鎮定。瓦利低頭看了看自己以阿拉伯文手寫的筆記，然後拿出一張破碎、磨損的蘇丹地圖，指著該國東部一片空白的沙漠。費南德茲聽著瓦利念出死亡的人數與被擊毀的車輛數。然後瓦利對這位美國外交官說，「我們認為發動攻擊的是貴國的飛機。」

這樣的懷疑並非毫無根據。幾週前，費南德茲才去過外交部，抗議蘇丹政府允許伊朗使用該國領土走私武器給加薩的哈瑪斯。蘇丹認為在正式外交抗議後，美國大概是決定要以軍事手段解決問題了。

費南德茲一直聽著瓦利抱怨美國單方面攻擊蘇丹領土、破壞兩國「安全事務上緊密合作」的行為。

「我國對此事表達抗議與譴責。蘇丹保留在適當、正確時機，以法律管道回應，以便保護主權的權力，」瓦利總結道。費南德茲沒有否認蘇丹的指控，只是承諾會將這次會面轉達給華府的國務院（註十三）。

即使美國知道這次空襲如同報導所說，是以軍動手執行，費南德茲也沒有把以色列出賣給喀土穆。就算是這樣，歐麥特還是忍不住公開暗示以色列可能與這次行動有關。與費南德茲的會面後過了幾天，以色列總理在特拉維夫附近的一次國安會議中，公開表示以色列已在距離本土「不是那麼近的地方」進行了一次反恐行動。

「我們打擊了他們。我們使用的方法能強化嚇阻力與威嚇的形象，而這個形象的重要性對以色列而言不見得遜於前者，」總理說道，「我不會細說內容，大家可以自己想像。事實就是需要知道的人就會知道……以色列沒有攻擊不到的地方。」

但就在以色列保持沉默時，這場行動也讓世人看見了各種不同大小與設計的無人機如何在以色列的戰爭中扮演越來越重要的角色。今天全以色列空軍每年的飛行時數，有將近一半是由無人機架次達成的，這些無人機每天都會出外進行一共數百小時的監視。以色列的步兵行動幾乎總是在無人機支援下進行。空軍高層最近舉辦了一場特別工作坊，叫「二〇三〇」，以便建立空軍戰略、探討空軍接下來幾十年會發展成什麼樣子。在兩天的工作坊結束後，大多數與會者都同意在接下來的幾年內，以色列會淘汰較老舊的F－15與F－16戰機[7]，很快就會成為幾乎全由無人機組成的空軍，包括一些小到足以放進口袋的機型（註十四）。

在帕爾馬欽空軍基地（Palmachim），可以看到故事的另一面。以色列空軍的第一個無

7 編註：以色列空軍在二〇二二年十月，將拉瑪特基地（Ramat David Airbase）一一七中隊的F－16退役，準備接受新一代的F－35戰機。

人機中隊總部，就藏在這裡眾多的沙丘裡。在有冷氣的指揮車內，坐著年輕、身穿綠色連身服的男女操作員。這裡離地中海多沙的海岸線只有幾步路遠，人們在這裡看著自己以黑色搖桿操作的無人機所回傳的監視影像直播。

當以色列對哈瑪斯的攻勢，也就是鑄鉛行動於二〇〇八年十二月發動時，這個中隊的副指揮官吉爾上尉（Gil，以色列空軍的人只能公開其不含姓氏的名字）正在規劃前往海外度過他期待已久的假期。他取消了計畫，把手下全都召集了過來，就是這些人擔任無人機操作員的年輕男女。

「我們有兩個目標，」吉爾說，「第一個目標是替地面部隊提供支援；第二個是盡一切可能減輕平民傷亡。」

某一個週日，吉爾正在一輛指揮拖車內執勤。他與以色列的許多情報單位緊密合作，一直在追蹤以色列情報當局懷疑是高階哈瑪斯恐怖分子的人物。就在這個人離開他在加薩北部難民營的家時，吉爾已經開始從空中追蹤他了。

當事人不知道自己正受到監視，開始用某種看起來像是電線的東西不知道在做什麼事。吉爾擔心他是在準備路邊炸彈，可能是要用來伏擊在附近作戰的以色列部隊。

「這看起來滿可疑的，」他對自己的耳麥說。

在南方司令部內，目標專家同意吉爾的分析，並下令附近一架飛機發動攻擊。但吉爾又多看了一眼。這個人不是在用電線製作炸彈，他只是把洗好的衣服掛起來晾乾而已。「住手！」他對耳麥大喊，「不要攻擊。」

幾天後，吉爾又在執勤時發現一位看起來像是以軍士兵的人，正沿著加薩北部的一條窄巷行走。但看起來怪怪的。這個人確實穿著橄欖色的制服，但卻單獨行動，而且還把自己的M16步槍掛在一側肩膀上，而不是掛在胸前，這違反了以軍的規定。「士兵怎麼會單獨行動？」吉爾問了車內的另一位操作員。他繼續追蹤這個人，直到他進入一處民宅，然後在幾分鐘後穿著不同的衣服出現。這個人馬上就成了攻擊的目標。

吉爾在兩次不同的場合分別體會到了無人機在戰場上的優勢。一次是避免一個無辜的人遭到攻擊，另一次則是確保一個遭到通緝的恐怖分子無法脫逃。

「我坐在遠方掌控大局，可以長時間研究一個目標，確保那是對的目標，」吉爾在我們於中隊指揮部見面時表示。他的責任非常重大，而三十幾歲的吉爾已是中隊裡最資深的操作員之一了，大多數操作員都才二十歲出頭而已。「我晚上之所以能保持清醒，是因為我們負有很重大的責任，要將連帶傷害減到最輕，」他說，「但反過來說，如果我告訴一個士兵，說這個地區已經安全了，然後他卻被狙擊手打中，那我也有責任。這種風險一直都在。」

在年紀輕輕就要負擔這麼多責任的士兵，都會被迫快速長大、跳脫框架思考。無人機操作員和其他在指揮單位工作的軍人，都沒有辦法悠閒地照著一本寫得清清楚楚的行動計畫與指示行事。他們必須自己動腦筋、在一瞬間作出關係到生死存亡的決定，然後晚上還要回家陪家人。吉爾是這樣評論的：「開無人機？那是最簡單的一環。」

以色列的成功背後有什麼秘密？這個小國是怎麼搶先世界其他國家一步，打進無人機產業的？

由於以色列一直處在戰爭前線，它必須持續測試新的戰術與科技，有時比其他西方國家還要早上好幾十年。由於以色列需要的平台還沒問世，因此只好自己開發。無人機開發的故事就是這樣來的。

卡雷姆現在回頭看看他超過五十年的航太工程生涯，他指出兩大關鍵使以色列成為世界的無人機產業領頭羊。

首先是以色列的天然環境與周圍情勢。「我在以色列、法國、英國、美國、德國和日本都與工程師和技術人員合作過，」他說，「以色列人並不是和其他國家的人有不一樣的基因，而是他們有一種壓力，一種要贏、要生存的壓力，而這點逼得我們必須拿出最好的表現。」

第二個優勢就是以色列所擁有的「思考融合」環境。所有以色列人都會從軍服役，其中後來前往國防產業工作的人員，會繼續和軍中的朋友保持聯繫。他們會彼此對談、分享想法。所有人都彼此認識。這點有助於縮短開發過程，並讓創新發明的人員很快地互相分享想法。如果這個想法已經有人試過了，他們就能得知這一點，並很快去尋找下一個想法。如果沒有人試過，他們可以在戰場上得到真實的意見回饋，通常只需要打一通電話就能解決。

阿密特·沃夫（Amit Wolff）是ＩＡＩ無人機部門的年輕航太工程師，他就是這種現象的案例之一，在一九九〇年代中期，沃夫高中一畢業，就與同學一起被徵召入伍。他和其他許多充滿理想的年輕人一樣滿腔熱血，並決定要試試成軍較晚的精銳單位「瑪格蘭」（Maglan）。這個單位以一種朱鷺命名，在幾年前才剛成軍，並且是以使用特別設計的武器系統深入敵後作戰為主要目的。瑪格蘭的士兵就像朱鷺一樣懂得融入環境、在掩護下行動，並且找出自己的目標。

沃夫服役期間，瑪格蘭部隊的主要重點是約旦河西岸和黎巴嫩南部，該單位在後者幾乎每天都要執行對抗真主黨恐怖分子的行動。沃夫退伍後，便前往鐵尼恩以色列科技學院攻讀工程學，後來又被ＩＡＩ延攬加入無人機部門。

二〇〇八年的某一天，他在辦公室附近的一家咖啡廳與同事見面，要進行一次非正式的腦力激盪。自他在軍中服役以來，他就一直在想著一種可能，設計一架士兵可以輕鬆背著走的無人機，以便快速部署、提供高地後方的偵察。

他還記得自己當兵時走過加薩走廊和約旦河西岸人口密集、那些危險又狹窄的地區，不知道轉角過後會遇到什麼，這讓他非常沮喪。「我們開始討論打造小型無人機的想法，這架無人機要能輕鬆組裝，並在不需要跑道的狀況下垂直起飛、降落，」他在我們於特拉維夫近郊的ＩＡＩ總部見面時告訴我們。

在那家咖啡廳中，沃夫從他的卡布奇諾底下抽出一張餐巾紙，並大略畫出了新型無人機的設計。幾天後，他把想法交給了研發部門主管看。主管聽了他的提案後，決定先給他三萬美元的預算研發。這場投資很成功，兩年後ＩＡＩ就推出了世上最早的傾斜旋翼無人機「黑豹」無人機（Panther）。這款無人機能像直昇機一樣起降，並在一萬英尺高度盤旋於目標上空，一次可達六個小時。「黑豹」無人機很輕巧，能由士兵背著投入行動。

「一般而言，我們的想法都有幾種不同的來源，」沃夫以相當溫和的口氣，在我們散步走過ＩＡＩ總部的綠色草皮時說明，「我們可以從網路上追蹤新的發明，我們也與國防單位保持密切聯繫，了解軍方的需求。但顯然我們有許多人的靈感，都是來自各人在戰場上的表現，同時因為我們自己上過戰場，因此我們也知道還有什麼不足。」

沃夫這個人有著多重身分。首先他是個擁有大量戰地經驗的軍人，同時也是一位航太工程師。這樣的雙重身分讓他得以擁有創新、發明新武器系統所需的知識、經驗與技能。

軍民兩邊像這樣的緊密關係，正是以色列價值難以估計的國家資產。

雖然聽起來諷刺，但以色列的無人機發展還要歸功於「獅式」戰鬥機（Lavi，希伯來文「幼獅」之意）[8]的取消，這是以色列政府史上最具野心的飛機開發專案。獅式戰鬥機於

---

8 譯註：通常「幼獅」在中文是指更早之前開發的 Kfir 戰鬥機。

一九八二年開始開發，是一款多功能單引擎第四代噴射戰鬥機，由ＩＡＩ開發，供以色列空軍未來當作主力戰鬥機使用。開發過程一共花了超過十億美元，其中有不少是來自美國的援助。這個專案開發出了數架原型機，試飛也進行過了，可是在一九八七年，當時的以色列內閣卻以十二票對十一票通過取消此專案的決定，這個決定直到今天都依然是資深國防官員之間爭論不休的話題。這個計畫之所以取消，是因為獅式戰鬥機的造價暴增——姑且這麼說——同時又受到美國強力施壓，希望以色列轉而購買F－16。

雖然獅式戰鬥機的取消對ＩＡＩ而言是一大打擊，並迫使該公司辭退數百名工程師，但這個戰鬥機開發案卻讓以色列累積許多知識，可以用在其他的新開發專案上，包括衛星、飛彈防禦系統與無人機。突然之間，用在這一款飛機上的才能就像野火一樣，擴散到了整個以色列的國防與高科技產業各個領域。

以色列的無人機發明改變了現代戰場的樣貌。這使軍隊可以派出更少第一線部隊來評估

目標、可以取得更準確的情報，同時還能提供世界各地無人能及的優勢。這項創新是在最困難的狀況下達成的。

但在二〇〇六年夏天，這樣的優勢卻遭到了挑戰。這年的七月十二日，伊朗支持的恐怖組織真主黨入侵了以色列，並綁架了兩名以色列的後備軍人。以色列發動報復，於是持續一個月的第二次黎巴嫩戰爭開始了。

一開始這似乎不太公平。以色列是擁有世上最先進武器系統的國家；真主黨只是一個沒有基地、沒有空軍也沒有海軍的恐怖組織。它的戰鬥人員穿的都是平民的服裝，混雜在周遭的環境裡，而其總預算只有以色列每年國防預算的零頭。可是戰爭爆發後才過了幾天，以色列發現自己低估了對手。真主黨不但在戰場上表現優異——造成一百二十一名以軍官兵陣亡，而且在以色列持續空襲下，它還能在戰爭期間保持每天發射一百二十枚火箭的能力。它還駭入以軍的無線電系統、發動縝密的網路攻擊，並破解了以色列在邊界附近的行動電話系統。

但真正的奇襲卻是在戰爭快結束的時候。真主黨在這時派了三架伊朗製的無人機進入以色列，機上載著超過二十磅的炸藥。這些無人機沒有到達目標，其中兩架墜毀，第三架則被一架以色列戰鬥機擊落。即使如此，這三架無人機的登場還是震撼了以軍高層。以色列是發明無人機的國家，卻在這時成為了第一個被非國家組織、恐怖團體操作的無人機攻擊的國家。以色列的武器被敵人用來攻擊它自己了。

二〇一二年又有另一架無人機深入以色列境內，直到距離南方城市迪莫納幾英里處才被擊落，那裡可是有著以色列核子反應爐的地方。二〇一四年也有無人機侵入以色列，這次是加薩走廊的哈瑪斯所派來的。

回到二〇〇六年當時，以軍成功擊落了無人機，但哈瑪斯釋出的一支影片，卻顯示這些無人機上不是只有爆裂物，而是有空對地飛彈。當時的國安高層認為哈瑪斯手上應該沒有這樣的科技，這只是裝在無人機上唬人用的。到了二〇一五年十月，以色列位於巴勒斯坦的安全部隊宣佈他們逮捕了一群恐怖分子，這些人在約旦河西岸的希布倫（Hebron）被捕，據報原本是打算派出裝有爆裂物的無人機進入以色列。

在最近這幾次衝突中，真主黨和哈瑪斯都證明了戰爭的演進不是只發生在以色列，而是發生在整個西方世界。科技的確是一種優勢，但科技上的優勢卻不是理所當然的事。像真主黨和哈瑪斯這種非國家組織已經證明，他們可以利用自己的先進科技與國家級的軍隊抗衡。

真主黨和哈瑪斯開始使用無人機，逼迫以軍必須採取措施，尤其是空軍。直到真主黨開始使用無人機為止，以軍都以為自己是本地區唯一的無人機使用國，就算伊朗有一兩架，也比以色列落後好幾個世代，而且航程反正也飛不到以色列。結果以色列的雷達並沒有針對偵測無人機來設計或寫程式，而是專注在較大型的飛機上。無人機在以色列的出現，逼使必須改善偵測能力，發明新的雷達並改良舊型機種。

據報以色列還將對抗真主黨無人機的戰爭進行到不那麼光明磊落的狀態。舉例來說，真主黨負責無人機機隊的高階指揮官哈桑・拉其斯（Hassan Al-Lakkis）就在二〇一三年於貝魯特遭到槍殺。根據黎巴嫩方面的報告，有兩位偽裝成觀光客的專業刺客靠近了拉其斯的座車，並以消音手槍開槍射擊。真主黨指控此事是以色列所為，以色列政府雖然不承認也不否認，但傷害真主黨的無人機運作能力顯然對以色列有好處。

雖然無人機是以色列的一大困擾，但哈瑪斯和真主黨這樣的策略其實是有道理的。無人機很小，可以在低空慢速飛行，並且很難被傳統雷達系統偵測、追蹤。

無人機的交戰規則也十分模糊。如果有一架無人機侵入了一國的領空，這會視同和噴射戰機發動轟炸或是飛彈攻擊，算是戰爭行為嗎？當二〇一二年真主黨派出無人機來到迪莫納附近時，以色列為了避免引發規模更大的衝突，並沒有作出什麼回應。但如果無人機對以色列發動的攻擊成功了呢？以色列會不會利用這件事當成發動全面戰爭的理由呢？

這些問題都還沒得到解答，雖然無人機就像機器人，還不會自己做戰略決策，但它們正以前所未有的方式改變了戰爭的面貌。

第三章　順應變化的裝甲部隊

「出發，」第四〇一裝甲旅第九營[1]的營長艾菲・德夫林中校（Effie Defrin）對無線電喊道。

這時是二〇〇六年八月十一日，也就是日後稱作薩魯基戰役（Battle of the Saluki）的行動開始當天。這是以色列軍方搶在停火協議生效、第二次黎巴嫩戰爭結束之前，對真主黨發動的爭議性無望反攻。這次行動的計畫是在特拉維夫的軍事指揮部倉促擬定而成，其重點是要越過黎巴嫩南部的薩魯基河，並控制真主黨據報用來將大多數火箭彈射向以色列的地區。

1　編註：Ninth Battalion，401st Armored Brigade，隸屬於國防軍一六二師，編制包括使用「馳車式」的九、四十六、五十二戰車營，六〇一裝甲工程營、四〇一偵搜連、二九八通訊連。

以色列相信擴張地面行動能在隨後於聯合國進行的停火談判中得到更多籌碼。戰爭要結束了，但政府相信最後一次的行動值得冒這個險。

以色列的戰車慢慢沿著狹窄的山路前進，過程中曝露在反戰車飛彈的火力下。吵雜而發出吱嘎聲的履帶壓過了岩石地形，讓士兵們都忘了真主黨部隊的事。後來他們才發現以軍珍貴的戰車這時正直直駛向伏兵。

真主黨的偵搜隊在戰車隊接近山口時就發現了車隊，並馬上將情報回傳給在附近的村莊中耐心等待的反戰車小組。由於德夫林是營長，他的戰車便因擁有許多天線而與眾不同。真主黨民兵進入陣地等待，並依照自己長年來的程序進行：先找出長車、將俄製「短號」飛彈（9M133 Kornet）瞄準這輛車，然後開火射擊。好幾秒鐘過去了，突然之間，戰車被一陣悶響擊中並用力搖晃，造成車內的沙塵全都被掀到車頂上。德夫林踢了他的砲手一下，很生氣地對他說：「你瘋了嗎？你開砲了是不是？」

「不可能，」砲手結結巴巴地說，「我沒有射擊……我想我們被飛彈擊中了。」

這輛馳車四型戰車仍然繼續前進。「怎麼可能被飛彈打到……」德夫林自言自語。然後他往後看，發現一共有三枚反戰車飛彈朝自己飛來。無線電上平靜的對話淹沒了飛彈飛來的聲響。第一枚飛彈擊中了戰車，但沒有擊穿；第二枚從車上飛過，沒有擊中。至於第三枚，德夫林只記得擊中時的聲音，在那之後一切就陷入黑暗。

以色列並不想與真主黨作戰，但在二〇〇六年七月十二日這一天，它發現自己沒什麼選擇。真主黨的游擊隊跨越邊境進入以色列，攻擊了邊界巡邏隊，還綁架了兩名後備軍人。歐麥特總理以此為由，試著改變北部邊境的狀況，導致以色列二十多年來第一次進入戰爭狀態。

在 2006 年打擊真主黨期間，以軍在黎巴嫩南部發現一個藏有反戰車飛彈等大量武器的軍火庫。（IDF）

戰爭爆發前幾個月，國防軍參謀本部才舉行了一次為期兩天的研討會，討論一系列軍中體制改革的提案。這些方案更直接的說法，包括要裁撤一些單位。

裝甲部隊的前景並不看好。這時的以軍把注意力都放在處理約旦河西岸與加薩走廊的巴勒斯坦恐怖主義威脅上。軍方高層認為戰車在這樣的行動中沒什麼用處，因此參謀本部正考慮裁撤幾個裝甲旅，並減少每年生產的戰車數量。而就在真主黨綁走後備軍人的一小時後，馳車式戰車的棺材上又釘了一根釘子，因為有一枚大型爆炸裝置在一輛部署在黎巴嫩邊界的戰車底下爆炸。車內組員立即死亡，以色列國防產業的驕傲也隨之蕩然無存。

德夫林營長原本打算追隨自己哥哥的腳步去當傘兵。他的哥哥在德夫林兵單下來的幾年前，就在一次與真主黨游擊隊的衝突中受了重傷。傘兵在以軍中被以精英階級看待，其成員之後會爬上以軍的高位，還會有幾個人成為參謀總長。德夫林念高中的時候有慢跑與舉重的習慣，還通過了傘兵部隊痛苦的兩天檢測。但後來軍醫卻判定他不適合當傘兵，並且不接受他前往步兵部隊的要求，還是把他送往了聲望沒有那麼高的裝甲部隊。

一九九一年五月，德夫林接受徵召進入裝甲第七旅，並前往以色列南部的阿拉瓦沙漠（Arava Desert）接受基本訓練。當地的沙塵暴與乾燥天候，就像是在反映他的心情一樣。

他根本不想來這裡。在基地的入口處，他看到一臺鋼鐵機器，被以保護國家機密的防水布給覆蓋著。裡頭的秘密就是以色列最新型的戰車。德夫林根本不想管，他瞥見的戰車只是更增強他覺得自己錯過大好機會的想法而已。他仍然夢想著在臉上塗滿迷彩、肩上背著 M16 步槍跑過山丘。他多次提出申請，想調到步兵部隊，但上級全都沒有接受。幾個月過去了，德夫林也漸漸適應了自己遭受的判決。到了進階訓練結訓時，他還獲選當上該單位的結訓學員代表。

這個單位的士官長當時會在點名時對德夫林和他的同袍大吼大叫。有一天在大家站在戈蘭高地（Golan Heights）的雨水與泥濘中全身濕透時，士官長指著邊界，又一次對他們發表精神訓話。他說：「敘利亞在那邊，這邊是以色列。你們就在兩者之間。如果要說是誰在保護這個國家，那就是你們和你們的戰車。沒有別人了。」

德夫林和他的同袍都聽見了。邊界的另一邊就是敘利亞軍，也就是阿拉伯世界最後一個仍然與以色列交戰的正規軍。因此以軍的每週例行公事裡，仍然包括不分日業的突擊演習。指揮官都想讓第一線的官兵了解，當敘利亞的部隊往以色列北方的城鎮前進時，他們上車所花的每一分鐘都很重要。敘利亞發動攻擊不是會不會的問題，而是時間早晚的問題。這裡的官兵都必須隨時提高警覺。

這裡的指揮官對下屬介紹戰車時，都帶著一種宗教式的讚嘆。他們每週五都是在整備戰車的工作中迎接安息日，包括清理車內和把車外擦得發亮。這裡的官兵與戰車之間的親密關係，是在戰鬥訓練中建立的，但也是在他們以一桶桶的肥皂水和海棉清理車體時建立的。他們聽到的說法是，戰車這種東西有靈魂，需要細心照顧。

一九九〇年代早期是個持續作戰的時代。當以色列在黎巴嫩南部陷入困境，而德夫林結束軍官訓練分發到部隊時，他馬上就被派去執行一系列對真主黨恐怖活動據點發動的攻勢。他在那裡第一次遇到了戰車的死敵：反戰車飛彈。有一天晚上，德夫林把戰車停在一座黎巴嫩村莊的外面；他的任務是要掩護一支在附近執行偵察任務的步兵部隊。他吃著皮塔餅和鷹嘴豆泥消磨時間，並把頭露出車長塔頂蓋一點點。突然之間，他的頭上竄過一片煙霧雲，是「薩格」反戰車飛彈（Sagger）[2]。飛彈以只有幾英尺的距離錯過德夫林。兩週後，同一個地區又有另一枚飛彈發射，但這次戰車組員沒有那麼幸運，造成一名以色列軍官陣亡。

當時以軍最先進、最創新的戰車就是馳車二型（Merkava Mk II），是為了取代老舊的馬戈其戰車（Magach）而製造，這種舊型戰車其實就是升級過的美製巴頓戰車，自一九六〇年代就服役至當時。

德夫林這時已成為連長，他在二〇〇四年的一天被叫到猶大沙漠（Judean Desert）的奈比穆薩訓練基地（Nebi Musa），去看看新的馳車四型戰車（Merkava Mk IV）。大家都知道以軍正在開發新戰車，但他身邊的軍官全都沒看過。這款戰車是當時保密最嚴密的國家機密，外界對其革命性的設計與能力也是謠言滿天飛。

軍官接到指示不得對戰車拍照，也不能將戰車性能的任何詳細資料外流。許多軍官都覺得這輛戰車看起來像太空船。新戰車比他們習慣操作的戰車還要大，而且也比先前的型號裝有更強力的新主砲。一千五百匹馬力柴油引擎使這輛戰車的速度更快，可以在破紀錄的時間內跨越複雜的地形。車上複雜的指揮管制系統讓車長能以前所未有的速度辨識目標並開火射擊。

二〇〇〇年，第二次巴勒斯坦大暴動爆發，以軍獲派返回約旦河西岸的巴勒斯坦城市。例行的治安巡邏和建造檢查哨、保安路障的工程瓜分掉了預算。以軍高層正在討論改造軍隊

2 編註：蘇聯製，正式型號是 9M14，外號「嬰兒」（Malyutka）。

體制、放棄徵兵制並打造規模更小、更聰明、更專業的軍隊，其中包括減少戰車的數量。

以色列的戰車數量掉到了自贖罪日戰爭以來的最低點。教練團被大量裁減，裝甲兵現在只能在典禮上和教室裡的PowerPoint簡報上，看到他們曾經廣受熱愛的武器。士兵現在不是派去保護以色列邊境、阻擋敘利亞軍的入侵，而是去加薩走廊、約旦河西岸和以色列與埃及的邊界做定期巡邏，尋找非法移民和毒品走私販。連德夫林都開始忘記戰車車內長什麼樣子了。

然而就在二〇〇六年夏天，這一切突然都變了。第二次黎巴嫩戰爭爆發，德夫林的營也被送回北方接受簡短的訓練操演，以便重拾操作馳車式戰車所需的部分基本技能。期間花了好幾天，但德夫林和他身邊的官兵很快就重拾了自信，覺得自己可以進入黎巴嫩作戰了。有些官兵還開玩笑說戰車就像腳踏車，學會以後就不會忘記。

多年來，德夫林與其他戰車組員都聽說過真主黨自以色列於二〇〇〇年撤出黎巴嫩以來累積的反戰車飛彈戰力，據稱這些武器應該就在邊界的另一邊等待著他們。據報真主黨手上的此類武器包括世上最先進的反戰車飛彈——混種飛彈（Metis）、低音管飛彈（Fagot），還有配有雙重彈頭的RPG-29反裝甲火箭彈。但有一種飛彈是讓他們最恐懼的，那就是

「短號」飛彈。短號飛彈是西方裝甲部隊的惡夢，俄羅斯先賣給敘利亞軍，然後再偷偷交給真主黨，是阿薩德贈送的禮物。這種雷射導引飛彈是世上最危險、最精準的飛彈之一，配有七公斤的雙重彈頭，最多可貫穿一千三百公厘的裝甲。這種飛彈採射後不理[3]，因此只要鎖定目標，就會命中。

德夫林獲派執行的行動——指向薩魯基河，早在戰爭爆發的七月中旬就已經出現在各司令官的桌上了，但行動的計畫一直修改、延後，直到八月十一日星期五晚上才定案。以色列聽到風聲，說聯合國安全理事會打算在當天晚上召開會議、宣布停火並結束戰爭。在三十四天的交戰後，面對停火，以色列將不得不配合。可是歐麥特總理想要試著讓聯合國的決議對以色列更有利，並得到更堅強的國際勢力來監控黎巴嫩南部的情勢。為了達成這樣的目的，

3 譯註：指型號較新的 Kornet-D1，具備射後不理的能力。

在最後關頭攻入黎巴嫩深處就是不錯的作法。

德夫林並不喜歡這個作戰計畫。等最終命令傳來，叫他們一路推進到離以色列邊界十英里遠左右的薩魯基時都已經過了半夜。這表示他的戰車會在破曉以後抵達，完全曝露在真主黨反戰車小組的火力之下。雖然照原訂計畫，納沙爾（Nachal）和哥拉尼步兵旅官兵應該會搭直昇機部署到低地的另一側，掩護前來會合的戰車，但德夫林與他的部下在跨越狹窄的山口、度過薩魯基河的過程中，仍然是缺乏掩護。

德夫林在前一天才和他的連長與幾位後備軍官坐在沙盤旁邊模擬這次行動，並討論其弱點。後備軍官警告德夫林，說他在山谷裡將會孤立無援。而德夫林則告訴他們：「打仗不是買保險。」他認為最多應該會有一到兩輛戰車中彈。他的預測是以國防軍的情資為基礎，他們認為當地應該最多只有兩個反戰車飛彈班。

他們全都錯了。在第一枚飛彈命中後，德夫林勉強朝著無線電大喊：「這裡是營長，不論如何都不要停止前進……」他的戰車仍然繼續前進，但接著第二枚飛彈就從車旁飛過，然後緊接著就是第三枚飛彈擊中。德夫林覺得他快窒息了，好像吞了什麼喉嚨裝不下的東西一樣。他馬上就昏了過去。

「營長倒地，重覆一次，營長倒地，」德夫林車上的作戰官對著無線電大喊。沒有人知道德夫林的狀況怎麼樣，但現在已經不重要了。他們不能浪費時間，必須讓戰車繼續前進。真主黨的反戰車小組還在前面，而且他們還有更多的飛彈。

德夫林醒來時發現自己在吐血，而且吐得不少。他的肺一陣收縮，然後他又昏了過去。那枚「短號」飛彈沒有貫穿他的馳車四型主力戰車，但德夫林的生存之戰才剛開始而已。軍方一位醫官把營長帶到空曠地，然後開始幫他動手術。從這時起，一切就是與時間賽跑了。德夫林在敵火下後送，回到以色列國境、位於采法特的齊夫醫院（Ziv Hospital）。

他的營作戰官打起精神接過德夫林車的指揮權，並往薩魯基繼續推進。最後他們抵達目標，但付出了致命的代價：有十二名官兵死於真主黨近二十個反戰車飛彈班所發射的飛彈，總共有十一輛戰車中彈。以軍宣稱在後來的戰鬥中，這支部隊殺死了數十名真主黨游擊隊員。第二天雙方就宣布停火了。

德夫林在加護病房住了將近三週，期間必須承受相當痛苦的復元過程。他出院後，回到營部向幹部與官兵做歸詢簡報，然後便啟程去探望痛失愛子的父母，看著他們的眼睛說明那天的過程。

正當德夫林在慢慢復元的同時，裝甲兵則忙著打另一場生存之戰。薩魯基戰役帶來了慘重的傷亡與戰車損失，造成整個國防體系都為之震憾。二〇〇四年那套支持將裝甲兵降級為更小編制的論調，又再次打進了國防部內。戰車的未來正面臨危機，似乎已逃不過預算縮減的命運。

德夫林回到基地的一兩週後，他受邀前往馳車式戰車指導局（Merkava Tank Directorate），國防部負責監督以色列戰車設計與生產工作的部門。就在他人在病床上動彈不得、只能痛苦地扭動身體時，他的馳車四型戰車正在接受仔細檢查，每一道刮痕都要派人檢驗和照X光，車上的各個模組還被整個拆下來再裝回去。軍方和國防部想要盡力了解這輛戰車，以及那場飛彈慘劇。

該單位的一位資深軍官把一個寫著「最高機密」的灰色資料夾放在德夫林面前，然後抽出一張照片。照片上是他的戰車，兩枚飛彈擊中的位置則以紅色箭頭標示。對德夫林而言，第一次看到這輛焦黑、嚴重受損的戰車，就像是馬上被丟回那天的戰場上。

「我看到我原本站的地方，以及飛彈擊中戰車的地方……我怎麼還活著？我怎麼沒有死掉？」德夫林問道。

那位資深軍官解釋道，雖然戰車中彈多次，卻沒有一枚飛彈真的貫穿他的戰車。這輛馳車式擋下了至今任何一輛戰車所遇過最猛烈的攻擊之一。以色列製造的這台機器已經在歷史留名。

這張照片便足以說服德夫林回到車上了。他後來告訴我們，這張照片就是馳車式堪稱「尖端科技的頂點」的證據。

幾個月後，這位曾經夢想成為傘兵的軍官升上了上校。德夫林還要再過幾年才能公開談論薩魯基戰役，但他屆時將成為馳車式主力戰車的最大支持者。

並不是每一個人都像德夫林這麼相信這輛戰車。媒體正在群起攻擊裝甲兵。以色列一家知名日報的頭條寫著：「不具防護的砲塔」（註一），英美的報紙則報導著曾經堅強的馳車式遇遇挫敗，同時質疑「戰車的性能吹捧成這樣，結果在真主黨的火箭攻擊下漏洞百出」（註二）。

軍方內部也出現了遊說活動，要求軍方刪減戰車的生產量。這些軍官主張，「戰車已經不適合現在的戰場了」。他們認為陸軍必須投資開發新型、防護更優、速度更快的裝甲運兵車。反正只要不是主力戰車就好。

隨後發生的辯論相當激烈。戰後軍方的預算有限，若是減少戰車的產量，就能將省下來的預算挪給以軍其他的需求使用，例如加強步兵的訓練、翻新防空洞、開發飛彈防禦系統及其他更多用途。歐洲的新聞大致上也遵循同樣的脈絡。西方國家的陸軍也在重新檢視其主力戰車的未來。舉例來說，美國就在草擬計畫，要將駐歐戰車撤走，撤出那些自二戰以來就一直有戰車進駐的基地。

有些政治人物想把部分國防預算轉往教育、社會福利和健保系統，因此將馳車式與獅式戰鬥機拿出來相提並論。這是以色列在一九八〇年代開發，成為該國國防工業驕傲的機型，但後來卻被政府取消。這個決定造成了政府內部的許多紛爭，然後才決定向美國購買戰鬥機，並把自己的錢投資到別的地方去。

有些專家宣稱馳車式也應該比照這個模式進行。國防部收到了許多提案，建議他們考慮與美國或歐洲各國購買價格合理的替代戰車。還有一個提案建議將馳車式主力戰車的部分生產線移到美國。這樣的措施雖然都能降低成本，但也會增加該型戰車機密外洩的風險。

德夫林和他的裝甲兵同袍馬上反擊。他們知道這輛戰車還是能適應作戰，也知道在戰鬥中最後還是需要主力戰車才能快速通過戰場、佔領陣地。風險確實存在，但這並不代表以軍應該放棄馳車式戰車。

他們花了一些力氣說服上級，國防部長和軍方高層最後還是同意了他們的看法。他們沒有封殺馳車式的計畫，但也沒有只是蕭規曹隨。他們做了更有趣的事情——適應新環境。

——

直到今天，馳車式主力戰車仍然是以色列保密等級最高的專案之一。幾十年來，這款戰車都一直籠罩在煙霧之中，以便在「世界末日」到來時能像鋼鐵猛獸般衝上戰場，擊敗以色列的敵人。

在馳車式戰車的開發與生產過程中，有許多人參與了其中，但有一位軍官與眾不同，他就是有「馳車式之父」之稱的伊斯雷．「塔利克」．塔爾少將（Israel “Talik” Tal）。

塔利克生於一九二四年的以色列，很早就知道在以色列的土地上，「危險」這兩個字是什麼意思。一九二九年，阿拉伯人在全境各地暴動，最後超過一百名猶太人被殺。有一天，塔利克位於北方城市采法特的家被暴民封死大門，然後縱火燃燒。一切似乎都要完蛋了，直到塔利克的叔叔帶著一群英國警察前來驅散暴民。叔叔跑進屋內，把自己年僅五歲的外甥救了出來。這次接近死亡的經驗，後來塑造了塔利克的一生。

他十七歲時志願加入英國陸軍，並以戰車砲手的身分參加第二次世界大戰。他在戰後加入以色列地下組織，並協助替這個即將成立的國家購買武器。在獨立戰爭中，他是機槍部隊的指揮官，並很快爬上了國防軍的高位，當過裝甲軍長、作戰局長、南方司令部司令，最後成了國防部長的特任幕僚。塔利克於二〇一〇年逝世，至今在美國肯塔基州的巴頓騎兵暨裝甲博物館（Patton Museum of Cavalry and Armor）還有一塊寫著他的名字的銘牌掛在牆上，稱他是現代史上五位最偉大的裝甲部隊指揮官之一。

以色列追求戰車的過程，始於建國之初。舉例來說，在獨立戰爭期間，以軍第七旅的士兵必須忍耐難以承受的高溫前去攻打拉特倫（Latrun），這是一處被約旦軍拿下的前英國警察據點。以軍試了很多次，但就是拿不下這個截斷耶路撒冷－特拉維夫道路的關鍵要地。他們就是沒有能突破約旦軍要塞的工具。

資深的以色列國防官員、政治人物和說客都試著與西方國家討論替以軍購買戰車的事。雖然談成了一些事情，但貿易封鎖的威脅一直都在。然後便是一九六七年的六日戰爭，以色列國土在戰爭期間幾乎擴張到兩倍，從埃及手中奪下了西奈半島、從約旦手中奪下約旦河西岸、還從敘利亞手中拿下了戈蘭高地。以色列知道鄰國企圖奪回失土只是時間的問題，如果以色列要再次獲勝，就需要更強大的裝甲部隊。

戰爭結束後，以軍收到了第一批法國製的戰車，然後又收到了美國製的戰車。到了一九六〇年代後期，以色列購買了當時英國陸軍中堅戰力的百夫長戰車（Centurion）。以色列對這款戰車做了一些改裝，安裝了優秀的一〇五公厘主砲並改造砲塔，然後取名為「蕭特」（Shot），希伯來文「鞭子」的意思。

以色列與英國的軍購案還包括兩輛酋長式戰車（Chieftain），是英國當時最高機密的型號，還在開發中，配有一二〇公厘主砲。幾次試驗後，以色列準備要多買一些，但英國人這時卻因為政治因素而要退出軍售協議。

英國的決定嚇了以色列一跳。蘇聯一直在替埃及和敘利亞提供武器。以色列需要新的戰車，可是卻沒有地方可以買得到。

軍售案的取消對塔利克也造成了深遠的影響。他了解到以色列沒有人可以依靠，並想出一個革命性的想法：以色列要自己打造戰車。大多數人都以為塔利克瘋了。直到當時為止，以色列從未自行打造過任何軍用載具，不論是飛機、軍艦或裝甲車輛都必須向外國購買。但塔利克堅稱他們做得到。對酋長式戰車的研究讓以色列擁有了部分專業，塔利克認為這樣的基礎足以進一步發展下去。他找了幾位夥伴並開始繪製戰車的藍圖。到了一九六九年，這個想法似乎可行了，只剩下財務上到底該不該這樣做，以及以色列是否真的具備夠先進的技術，能開發出足以與蘇聯供應給敘利亞與埃及的型號相匹敵的戰車。

一九七〇年夏天，同時也是以色列戰爭英雄的國防部長戴陽（Moshe Dayan）和財政部長薩皮爾（Pinhas Sapir）見面，準備討論塔利克的戰車構想。這次會面是在一群國安與經濟專家已經先看過提案後舉行。這個專案的各方面都已經由專家評估過了：塔利克提出的戰車到底可不可行？這樣的研發案對這個剛誕生的國家到底有沒有好處？對薩皮爾而言，馳車式計畫有潛力，可能可以成為國家亟需的經濟原動力。國安問題是次要的事。

「我支持，」薩皮爾告訴戴陽，「你要不要這款戰車？」

戴陽很擔心這樣的投資會壓過軍方的其他計畫，並限制和國外購買裝備的能力。但他最後還是同意了，並批准了計畫的第一階段：開發。

電話吵雜的鈴聲，讓阿維多・卡哈拉尼中校（Avigdor Kahalani）嚇了一跳。這時是一九七一年的春天，電話那一頭的女人自稱是「塔利克的秘書」。她說有一位司機明天早上會來接卡哈拉尼去參加會議，他要提早準備好軍禮服。

第二天早上，一輛深綠色的普利茅斯勇士（Plymouth Valiant）——當時陸軍高階軍官的標準配車——就停在卡哈拉尼家門外的路邊。司機示意他坐到後座去。卡哈拉尼不知道這次會議是要討論什麼，但其實也不重要。塔利克是以色列的傳奇人物，如果他要找你，你就一定要到。車子停在特拉維夫南邊的茲里芬陸軍基地（Tzrifin Army Base）內，一處大型倉庫的入口處。卡哈拉尼下車時，塔利克正好推開鋼鐵大門出現，還嚇走了一群在附近建築上休息的鴿子。他示意卡哈拉尼跟著他進去，同時拉開一面蓋住倉庫內某樣東西的偽裝網。

一開始，卡哈拉尼還不確定自己看到了什麼，但幾秒後，一切都越來越清楚了。這是一輛戰車，但不是普通的戰車。這輛戰車是用木頭做的，而且形狀很奇怪。「這輛戰車沒有車尾啊，」卡哈拉尼說，「引擎在哪裡？」

塔利克說明了這輛新戰車的理念，同時繞著自己的木頭作品打轉。「這是新的設計。引擎和傳動系統在前面，出口艙門在後面。」這是十分革命性的設計。直到當時為止，所有的戰車都是將引擎置於車尾，而人員的出入口則是在砲塔頂部，而不是在後面。

塔利克叫卡哈拉尼來看這輛戰車，是為了取得這位年輕軍官的支持。卡哈拉尼是以軍的裝甲部隊新星，他在六日戰爭期間指揮他的百夫長戰車奮勇作戰，還拿到了傑出服役勳章（Medal of Distinguished Service）。後來到了一九七三年的贖罪日戰爭，卡哈拉尼還以第七十七營營長的身分寫下歷史，成功在戈蘭高地擊退敘利亞軍的攻擊。

贖罪日戰爭爆發時，卡哈拉尼已經在戈蘭高地了。他從各單位勉強調來了約一百五十輛戰車，然後指揮這些部隊與一

一輛馳車式戰車與國防軍的士兵，攝於 2015 年以色列北部。（IDF）

支規模將近五倍的敘利亞部隊交戰。幾天的激戰後，卡哈拉尼成功阻止了敘利亞的攻勢，摧毀了數百輛敵軍戰車，還奪回了以色列原本在戈蘭高地失去的有利陣地。卡哈拉尼為此得到了以色列軍方最高榮譽的英勇勳章（Medal of Valor）。一九七一年的這場會面，其用意是要讓塔利克確定自己打造的戰車，將會是年輕的裝甲兵——像卡哈拉尼這樣的人——會想要的車款。

甚至在第一桶鋼鐵倒入鑄模前，塔利克就已在想像他的戰車出現在集合場、準備要行動的樣子了。他沒有讓那些持悲觀態度的人影響到他——大多都是擔心浪費公帑的國庫官員。他一步步取得財源、知識與人脈，以便建立能打造車身、製造主砲並開發光學器材與射控系統的生產線。

到了一九七九年年底，第一批馳車式主力戰車就準備好了。對於戰車升級的意見歧異與剩餘問題的修正，無不對專案的進度造成威脅，但塔利克的決心與個人魅力最後還是排除萬難，完成了這個計畫。三年後，這輛戰車便在第一次黎巴嫩戰爭期間展顯現作戰能力；再過兩年，第二版的戰車（馳車二型）就已開始生產。以色列的戰車終於誕生了。

「我們擁有猶太血統，」塔利克以前會和他在馳車式戰車指導局的士兵這樣說，「這就是我們和世上其他國家不同的地方。但這並不足以讓我們不需要學習。只有蠢貨才會拒絕學習。」

塔利克喜歡身邊圍繞著聰明的工程師，例如以色列「裝甲精英」的成員亞倫．利夫納（Yaron Livnat）。利夫納的父親曾擔任以軍戰車維修單位的部隊長，他自己則以學術專業人員的名義進入軍隊服役，並在鐵尼恩攻讀電機工程。他的夢想是要發明新型的飛彈，但夢想往往就只是夢想，他在完成軍官訓練後，便被指派到戰車指導局。他原本以為最糟也不過如此，接著又被派去真正要上戰場的裝甲部隊。

塔利克相信技術人員必須直接與戰場產生關聯，才能理解軍人面對的挑戰，然後找出能解決真實問題的辦法，而不是流於紙上談兵。他不允許兩者之間有任何距離，不論是文化或物理上的距離都一樣。利夫納被派到第七旅兩個月。他在敵火下跑過山丘、在沙地上爬行、替戰車裝填砲彈，還聽他的長官與同袍講戰場上的故事。他的腦子裡已寫下了一份清單，上面有後來可以在戰車上做的各種改進。

「沒有人明白我為什麼要來這裡。他們覺得我這個人怪怪的。他們說離開辦公室、跑來戈蘭高地是瘋子的行為，」利夫納回憶，「我完全明白我必須在現場看到、感受些什麼。更別說還有我當時與官兵建立的關係，這些人後來都會成為營長與旅長。」

塔利克喜歡利夫納，是因為他在這位年輕工程師身上看到「大膽」的精神，看到他不會墨守成規，看到他把規則大多都當成建議。塔利克在利夫納身上看到了一點自己的影子。有一天，塔利克邀了這位年輕工程師出來聊聊，並請他來當自己的幕僚長。

雖然這是很大的抬舉，丹利夫納還是禮貌性地拒絕了，並堅持要說明原因：「我是個年輕工程師。我喜歡的是技術層面的事，我一定要留在這個圈子裡。」

塔利克並不習慣遭到拒絕，但他很欣賞利夫納的坦誠。

「像你這樣拒絕我的人，大多都得捲鋪蓋走路。但你以後不管有什麼問題，都可以來找我。我會幫你的。」

塔利克軟硬兼施的態度，讓他得以擁有國防軍最優秀、最聰明的人才。他也是個很守信用的人，自那天起，利夫納便得到了塔利克的支持，開始開發相當創新的系統。在塔利克的幫助下，利夫納獲派成為馳車三型的射控系統開發主任，這個職務日後將會替他贏得崇高的以色列國防獎（Israel Defense Prize）。

馳車之父繼續留意著世界各地的戰車發展，並在一九八〇年代末注意到各國軍隊都在想辦法讓戰車在移動中射擊得更準確。塔利克明白地面戰將不再是二戰那種靜態的交火。戰車必須能準確擊中遙遠的目標，而且不但要能在移動中擊中，還要在高速下做到。

「你要讓移動中射擊的精準度達到與靜止射擊相同。我要有一樣的結果。」塔利克有一天和利夫納說，「這套系統必須讓車長擁有行動上的自由。我不希望車長必須停車才能開砲擊中目標。」

利夫納被塔利克的新要求嚇到了，斗膽向他說明這是不可能的事。戰車在移動中的精準度不可能和靜止時一樣。他說：「這簡直是妄想。」但塔利克相信這件事做得到，並逼著工程師想辦法。他們的努力最後促成了一套新型射控系統，叫作巴茲（Baz），希伯來文的「獵鷹」。

「塔利克在技術面上不強，但他有一種毫無科學根據的第六感，」利夫納受訪時對我們這樣說，「塔利克在二戰時是個砲手，他的辦公室裡有一個皮革資料夾，上面有著射控表和各種用來追蹤戰車是否命中的圖表。他在二戰期間開砲的次數，多到變成是他的第二本能了。」

塔利克建議利夫納和他的團隊專注在射擊誤差上，也就是戰車無法在移動中保持砲管穩定的原因。這個建議給了他們不少幫助。研究指出，射擊誤差的原因包括砲彈本身的精準度、砲管的穩定度與砲手在移動中清楚辨識目標的能力。

利夫納做了好幾十次實驗，發現現有的射控系統知道怎麼修正這些變動，但砲手並不知道要怎麼把這些事情納入考量。這表示雖然戰車組員可以測量距離、瞄準然後射擊，但砲手卻無法維持瞄準且會錯過目標。

一九八九年，利夫納和他的團隊終於達成了突破。他們結合攝影機，開發出一套自動追瞄系統，讓砲手可以不必計算距離與方向，讓他單純專心在什麼時候要開砲就好。他只會在確定已經鎖定目標的狀況下才開砲。

塔利克總是會要求的有點過分。他利用要求似乎不可能的事情，確保自己拿到的結果至少會很接近自己想要的東西。但在此同時，塔利克也讓他的工程師獨立運作。他相信他的手下，知道他們都是各自領域的專家，比自己都更懂得要怎麼改良戰車的性能。有一次在利夫納帶著三十個修改設計的提案來找他時，塔利克叫他將清單依重要性分成兩半。當利夫納在一個小時後帶著新的清單回來時，塔利克正忙著看別的文件，因此連頭都沒抬一下。「高優先的准了，低優先的不准。」他就這樣用像是在點三明治的方式，決定了戰車的未來。

——

打從一開始，塔利克就強調戰車必須富有彈性，能持續適應以色列在戰場上面對的變化。

因此，這輛戰車每幾年就會改裝更新，直到二〇〇三年以軍採用馳車四型為止。馳車四型比早期的馳車式改良了許多，能以更快的速度移動與射擊，更重要的是還有新的模組化裝甲套件。這表示這輛戰車可以根據它今天要執行的任務，來更換車上安裝的裝甲。如果是已知有反戰車飛彈威脅的地區，那就必須裝上重裝甲；如果沒有這樣的威脅，那就可以裝少一點。這樣一來，戰車組員也可以在戰場上更換受損的裝甲，不必開回以色列的維修廠。

像這樣的適應能力，是以軍的一大特徵，是源自於這個國家資源有限的現實。與美國或某些歐洲國家不同，以色列沒辦法在遇到戰爭環境改變時，直接把一個計畫停掉，然後另闢新計畫。反之，以色列還必須將其飛機、軍艦與戰車的壽命延長到超過一般的標準，同時還要確保它們能適應新的局勢以保持在現代戰場上的價值。

舉個例子，這些改變包括以色列戰車遇到的目標。以前的戰車是以其他戰車為目標，但在今天的中東，以色列沒有任何有戰車的敵人。敘利亞軍的裝備在多年的內戰後，已幾乎完全消耗殆盡，哈瑪斯和真主黨手上沒有戰車。這表示戰車如果要保有其價值，就必須能攻擊一些比較特殊的目標，例如窩藏在公寓三樓的哈瑪斯火箭砲部隊，或是躲在學校中庭的真主黨恐怖分子等等。

為了面對這些挑戰，以軍開發了許多新武器，有些甚至具有衛星導引能力，以提供戰車組員準確攻擊建築、反戰車小組，甚至是飛機的能力。這些創新的武器包括卡拉尼砲彈（Kalanit），能在掩體後的恐怖分子頭上爆炸，或是貫穿混凝土牆後，只在進入建築物內後才引爆。

卡拉尼砲彈的獨特之處，在於讓戰車組員可以選擇兩種砲彈引爆模式。首先，它可以像傳統砲彈一樣，在攻擊強化建築或其他車輛時設定成撞擊時引爆；它也可以攻擊傳統戰車砲彈難以有效瞄準的恐怖分子小組。在這個模式下，卡拉尼砲彈可以設定成在恐怖分子頭上的空中停止，然後爆炸射出六枚不同的炸藥，散射出數千片致命的破片。

今天的戰車還有以軍先進的「獵人」戰鬥管理系統。這套系統基本上就是車上的一個電腦螢幕，士兵可以用它來查看敵我部隊的所在位置。如果有人發現新的敵軍陣地，指揮官只需要將位置輸入到數位地圖上就好，附近所有的部隊都會看到這個新陣地，不論是戰車、砲兵還是攻擊直昇機都一樣。

新版的「獵人」軟體還能建議攻擊特定目標時要使用的彈藥種類，還能替指揮

一名士兵正在練習使用「獵人」數位陸軍程式（ELBIT）

官規劃領軍進入戰鬥區時的路線。

「獵人」縮短了感測到射擊循環——從我軍發現敵軍，到我軍開始攻擊敵軍之間的時間。根據部分估計，以軍已把這個時間縮短到只有幾分鐘了。

但最大的改變還是二〇一二年引進的「戰利品」系統。這套系統能攔截朝馳車式戰車射來的反戰車飛彈。直到當時為止，世界上雖然有像「箭式」飛彈（Hetz）這種能攔截彈道飛彈的防禦系統，但卻沒有能保護單一戰車的武器。

其實這個概念在一九七〇年代的贖罪日戰爭結束後就出現了。在這場戰爭中，以軍的戰車在面對埃及的反戰車小組時損失慘重，於是便有一位軍官想到要在戰車四周安裝空心的爆裂物帶，在遭到飛彈擊中時可以引爆。這樣飛彈就會在戰車車外引爆，無法貫穿車體[4]。幾年後馳車式主戰車進入服役時，這個想法卻被束之高閣。馳車式的裝甲前所未見，根本不需要像爆裂物帶這麼昂貴的主動防禦系統。

但接著便發生了第二次黎巴嫩戰爭與薩魯基戰役。雖然德夫林的戰車仍保持完整，但真

4 譯註：所指的即是爆炸反應裝甲（Explosive Reactive Armor，ERA）的原理，和後來的主動防禦系統不同。

主黨的反戰車武器顯然已構成一個需要去面對的威脅。情報指出，加薩走廊的哈瑪斯正在學習黎巴嫩戰爭的經驗，並屯積先進反戰車飛彈。同時，據報敘利亞購買了幾百輛摩托車，並訓練特種部隊在騎乘摩托車時發射反戰車飛彈的能力。這種小而靈活的目標，對戰車而言將會相當難以發現與攻擊。

於是以色列拿出塵封已久的爆炸帶構想，拿給技術先進的公營飛彈開發商拉斐爾公司（Rafael）看。他們的成果便是「戰利品」系統，此系統採用小型雷達偵測來襲的飛彈，然後發射一片反制幕——由金屬細片組成——攔截。「戰利品」的雷達還能與「獵人」戰鬥管理系統無縫整合，使「戰利品」能自動提供戰車組員資訊，讓他們知道發射飛彈的反戰車小組的座標，以便快速反擊。

以軍在二〇一四年夏天首次使用「戰利品」，當時正值以色列發動「保護邊陲行動」（Operation Protective Edge），對加薩走廊的哈瑪斯發動攻擊的時間點。自八年前的第二次黎巴嫩戰爭，也就是德夫林差點在前往薩魯基河的路上陣亡的時候以來，這是馳車式戰車運用規模最大的一次。但這次戰車卻如入無人之境。以色列戰車遇到了好幾十枚朝自己射來的飛彈，但大多數都沒有擊中，還有二十枚被「戰利品」成功攔截，連一輛戰車都沒有受損。

以色列又一次改變了現代戰爭的面貌。

——

可是為什麼是以色列呢？為什麼以色列隨著時間過去而明白了其他國家不懂的事情，也就是戰車可以適應現代戰場、保持其有效性？

這個問題的部分答案，可以在特拉維夫郊外的一處舊陸軍基地找到。特哈碩摩（Tel Hashomer）是以色列在獨立戰爭時期佔領的舊英軍基地，自當時起就成了許多單位的駐地，包括一個稱作馬沙（Masha）的單位。馬沙是第七一〇〇維修中心（7100th Maintenance Center）的希伯來文簡稱，這裡是組裝、修理馳車式戰車的地方。

巴魯赫．瑪茲里亞准將（Baruch Mazliach）是馳車式戰車指導局的局長，他記得自己還是個年輕工程師的時候，總是得在戰場上等著戰車從戰場上歸來——有時甚至還要跨過敵軍防線。這些工程師會檢查每個細節，與每位車組員做歸詢簡報，不放過任何取得戰場實際知識的機會，以便讓自己能想出改良戰車的方法。這些工程師不會坐在冷氣房裡等著軍人找上門，他們從塔利克那裡學到，與戰場的連結是十分重要的。

馬茲里亞的辦公室裡有一個棕色的資料夾，上面寫著「最高機密」。資料夾的內容是一九九四年，一輛戰車在黎巴嫩南部中了真主黨埋伏的故事。這輛戰車一度遇到超過十二種不同的彈藥攻擊，包括迫擊砲彈，而且還遭到直接命中。目擊這次雞尾酒式攻擊的人都以為這輛戰車會整輛消失。他們以為車上的人員不可能生還。整個地區都是煙霧，大家都擔心車組員全死了。

馬茲里亞從資料夾中拉出一張充滿灰塵的照片，照片上是那輛戰車。「每個圓圈代表一處命中，」他告訴我們，「這輛戰車從四面八方受到無情的攻擊，但卻只有一名士兵陣亡。這樣的結果雖然很致命、很殘酷，卻也證明馳車式的防護確實非常優秀。

對像馬茲里亞這樣的工程師來說，戰車不是針對假想的情境打造的。工程師會花時間前往戰場，並與在戰車上服役的官兵建立密切的關係；有時候，工程師自己的小孩就會被徵召到裝甲兵去服役。其中還有一位工程師的兒子在他的馳車三型遭到攻擊時陣亡。「我們就像一家人，」他解釋，「這就是為什麼大家都付出三倍的心力與精神。」

以色列自建國以來就一直處於衝突前線，因此常常是第一個面對演進或新出現威脅的西方國家，有時甚至比世界其他地方早了好幾年。贖罪日戰爭中對以色列戰車發射的「薩格」飛彈，是這種蘇聯製先進反戰車武器第一次在戰爭中真正派上用場；二〇〇六年真主黨發射的「短號」飛彈，則是恐怖組織第一次使用傳統上只有正規軍會使用的戰術，以及具備正規軍的特性。

在這樣的狀況下，以色列別無選擇，只能持續適應不斷改變的環境，並開發像「戰利品」這種在必要時能發揮功能的裝備。以色列沒有餘裕的時間，可以等待別人去開發出這些武器。這個國家需要戰車作戰，也需要保護戰車的方法。

這就是為什麼在二〇一二年，以軍建立了一支技術團隊，開始設計下一代的戰車。戰車相當貼切地命名為「拉奇亞」（Rakia）——希伯來文「天堂」的意思。此型戰車預計最重大的變更會是機動性、車組員編制和射控系統。

即使以色列持續開發種種科技，在二〇一五年一月，以軍還是遭到了重重一擊，提醒了他們在本地域正流通著的各種先進武器。真主黨對以軍一支正在黎巴嫩邊界巡邏的車隊發射了五枚「短號」飛彈，造成兩名士兵陣亡，七人受傷。一般相信黎巴嫩南部的近兩百處村莊都有類似的反戰車小組散布各地，等著以色列下一次的入侵。這些游擊隊身穿平民服裝、住在一般的民宅裡。在未來的戰爭中，攻擊可能來自任何地方，包括學校、醫院，甚至是救護車。

在中東地區，戰爭一直在演變。在二〇一四年的加薩，以軍看到了哈瑪斯恐怖分子跳出跨越國境的隧道發動奇襲；敘利亞的伊斯蘭國民兵則開著民用廂型車攻擊村莊；西奈半島的極端團體薩拉菲（Salafi）則成功擄獲裝甲運兵車後，用來攻擊埃及軍的軍營。

以色列的關鍵字仍是「適應」。隨著以色列邊界的戰火燃起，向著馳車式戰車的下一場考驗只是時間早晚的問題而已。

第四章　充滿以色列色彩的衛星計畫

在慘烈的贖罪日戰爭後過了五年，以色列的外交官正努力準備迎接他們首次與阿拉伯國家談和的嘗試。而且這不是隨便哪個阿拉伯國家，是當中最大的埃及。

這時是一九七八年的春天。幾個月前，埃及總統沙達特（Anwar Sadat）才來到耶路撒冷進行歷史性的訪問，他在對以色列國會的演講中呼籲，兩國應該結束持續三十年的戰爭與流血。每天都有華府、耶路撒冷和開羅三地的秘密外交電文傳來傳去，而這時離當年九月在大衛營的和談還有好幾個月。

但以軍的海姆・艾希德上校不想靜靜等待。風險太高了。艾希德知道若是和談成功，以色列便必須全面撤出西奈半島，也就是以色列在一九六七年的六日戰爭中從埃及手中取得的大片土地。

問題是以色列需要西奈半島。這塊土地在一九六七年之前，是以色列與埃及之間的緩衝地帶。如果埃及又發動一次地面奇襲，他們必須先拿下西奈半島，這樣以色列就有充分的時間準備。以色列在撤出這裡之前，必須找到一種能持續監視地面局勢發展的方法。

艾希德身為以色列軍事情報局「阿曼」的研發部部長，他的工作就是從科技面上找出辦法，來解決作戰行動所遇到的問題。

他想到了一個方法可以處理接下來撤出埃及的問題：衛星。但這不是普通的衛星，是藍白兩色、以色列國產的衛星。

艾希德在軍中算是一位相當奇特的人物。以軍的士兵大都相當高傲、缺乏紀律，但艾希德卻十分細膩有禮。他還講著一口無可挑剔的英文。

生於一九三九年的伊斯坦堡，埃雪德一年後和家人一起移民到英國控制下的巴勒斯坦。以色列建國時才八歲，但目睹了國家的強韌與生存之戰的經過，因此萌起了投入軍旅生涯的決定。

由於艾希德有科技方面的才華，因此走上了跨領域教育之路。他在鐵尼翁拿到了電機工程學位，又在美國加州大學聖克拉拉分校（UC Santa Clara）取得資訊科學的學位。

艾希德進入軍隊時，他雄厚的科技背景很快就派上了用場，他也因此在軍中步步高升。他在六日戰爭前幾個月拿到了以色列最高等級的英勇勳章，由於這時的他還只是個低階的中士，因此成了軍中的傳奇人物。

直到今天，他受勳的理由唯一能公諸於世的部分，就是當時的參謀總長、後來的國防部長與總理拉賓（Yitzhak Rabin），在褒獎狀上的短短幾個字：「海姆．艾希德表現出過人的技術長才，對以軍的戰備作出偉大的貢獻。」[1]

要說服政府投資衛星不容易，即使是擁有艾希德這種資歷的人也不例外。對以色列這種小國來講，太空計畫本來應該是不可能的事情。只有超級強國才能往太空發展。當時只有七個國家曾發射衛星上太空，其中最晚的是英國，而這是早在一九七一年的事。

除此以外還有另一個理由使這樣的想法顯得十分大膽。直到當時為止，以色列的太空經

1 編註：據了解，艾希德當時受勳所研發的系統，至今依然在以色列軍中使用，且依然保持神秘。以軍的「英勇勳章」至今只發出過四十枚而已。

驗都很有限、非常有限。一九六一年，以色列發射了氣象研究衛星「彗星二號」（Shavit 2）。但研究只是個幌子。以色列的真正動機，是要搶在埃及動手前先發射地對地火箭，因為「摩薩德」認為埃及正在接受德國科學家的協助開發火箭。

一九六五年的時候，以色列考慮過要建立真正的太空計畫。拿到政府面前的提案包括投資原有的太空研究，包括開發民用與可能用於軍事的衛星與火箭。這個提案實在太過前衛，因此沒有通過（註一）。

艾希德都了解狀況，但他依然很堅持。第一個看過提案內容的是他的老闆，「阿曼」局長薩蓋少將（Yehoshua Saguy）。艾希德說服了他，並從他那裡得到了繼續執行的許可。兩人首先去空軍兜售這個想法，但那些飛行員不怎麼買帳。「這已經超出我們的技術能力了，」他們總是這樣告訴薩蓋和艾希德。

然後兩人便將這個想法拿去找參謀總長伊登，但他說這個東西叫「Luftgescheft」，這個意第緒語的詞字面上的意思是「空氣事務」，通常用來形容完全是在浪費時間的事。

伊登主張，以色列必須開始專注在將軍隊撤出西奈半島的基地與城鎮，然後安置到國內新地點的事情上。衛星這種東西是在浪費時間與金錢。參謀總長指出，反正空軍已經告訴過他，說麾下的飛機就能在撤軍後仍然提供國家所需的所有航空偵察任務了。

伊登還說，等雙方談和後，薩蓋想知道埃及人是不是會準備發動戰爭，只要自行開車跑一趟西奈半島就行了。薩蓋回達他說：「不可能，我得把每個貝都因人的帳篷都打開來看，才能知道到底發生什麼事。」

伊登對衛星計畫的反對，背後有著最高權力者的支持。一年多以前，拉賓總理曾前去華府與福特總統（Gerald Ford）會面。拉賓是美國建國兩百紀念週年第一位到訪的外國元首，因此得到了最高規格的接待，眾議院議長卡爾．亞伯（Carl Albert）還請他在參眾兩院聯合會議時發表演說[2]。

但在與幾位國會議員開會時，拉賓卻毫無預警地被問到以色列為何需要衛星。顯然國防部長傳了一份相當似「願望清單」的東西給美國，裡頭有各種以色列想購買的軍用載具與武器，當中也包括一枚價值十億美元的衛星。美國國會議員擔心這樣的軍售案會破壞中東地區

2 編註：這是拉賓的第二次美國官式訪問，停留時間是一九七六年一月二十七日至三十日，他在二十八日於美國國會發表演說。

的和平展望。

在一九七九年出版的自傳中，拉賓是如此說明此事：「我被各種有關我們交給美國的購買清單中的問題逼到了牆角。對於『為什麼以色列一定要有……造價十億美元的衛星？』其實只有一個嚴正、明顯的答案：『我們並不需要這樣的系統。』（註二）」

問題在於，取代衛星飛到埃及的偵察飛行任務，其執行的方式會破壞照片的品質。拉賓是在贖罪日戰爭後擔任總理，在那場戰爭中，超過一百架以色列軍機遭到擊落，大多都是因為蘇聯製的地對空飛彈系統所導致。拉賓擔心派偵察機飛到埃及上空會造成新的軍事危機，因此下令以軍每次派出偵察機，都要先經過他的許可。結果派往埃及的偵察架次變少了，以色列空軍變成必須在以色列領空斜著拍照。這樣拍出來的照片品質並不足以真正了解邊界另一頭的狀況。

然後還有各種謠言。「阿曼」的高階官員似乎打算把艾希德趕走。有一位軍官甚至直接跑去找薩蓋，叫他把艾希德辭退，同時警告說衛星計畫即使在吃掉了一堆的重要預算之後還是會失敗。

面對開口發問的人，艾希德的回答是，他並不在意這個計畫成功後，他能得到的軍階或是升遷。他所在意的事情很基本——以色列國家安全的需求。

由於在標準的以軍管道中沒有進展，艾希德便決定去找埃澤・魏茨曼碰碰運氣。這位著名的戰鬥機飛行員當時是以色列的國防部長。雖然魏茨曼身處在指揮鏈的最高層，遠遠超出普通上校能接觸到的範圍，但艾希德早在一九六〇年代的一次聯合行動中就認識了魏茨曼。不過，他還是不讓外界知道有這麼一次會面存在。

於是在一個濕熱的夏日，艾希德走進特拉維夫的國防部。他把身分證拿給入口的衛兵看過之後，便走上二樓，左轉走向部長辦公室。參謀總長辦公室是在反方向。

這層樓就是國防部作出困難決定的地方。在六日戰爭開打時，以軍就是在這裡規劃對敘利亞和埃及空軍的奇襲；在一九七三年的贖罪日這天、以色列南北兩面都遇到奇襲後，軍方高層也是在這裡碰面。

就在他坐在原地等著輪到自己會面時，他抬頭看向了附近牆上掛著的歷任國防部長肖像。他們當中有著各種不同的政治人物，有大衛・本古里安，以色列國父兼現代國防軍之父；也有莫西・戴陽，他在一九六七年的戰爭帶著以色列迎向勝利，卻也在一九七三年的戰爭中帶來災難。

魏茨曼來自以色列的精英階級，他的叔叔哈茵．魏茨曼（Chaim Weizmann）是以色列的第一任總統。魏茨曼生於特拉維夫，二戰期間加入英國皇家空軍，成為了戰鬥機飛行員。他後來協助建立了以色列空軍，並將其打造成具備明確素質優勢、能力勝過鄰國的空軍。

當秘書叫艾希德進去時，他便站了起來、再次整理制服，然後走進魏茨曼的辦公室。魏茨曼坐在一張大型木頭辦公桌後面。他通常穿白襯衫，前兩個扣子打開，還會稍微露出一點胸毛，其顏色和他的軍人式鬍子一樣灰。

魏茨曼身後的牆上，掛著一幅巨大的衛星地圖，上面拍到了以色列和附近的阿拉伯國家。除此以外，牆上還掛著他當戰鬥機飛行員時留下來的幾張照片。一張邊桌上放了一支電話，是部長最近剛牽的，可以直接與開羅的沙達特通話。

艾希德開始了喋喋不休的遊說。

他向魏茨曼說：「我們有個問題，而我有方法解決。」

他解釋道，如果在以色列撤軍前，埃及決定要攻擊以色列，那他們必須先通過西奈半島，這會讓以軍充分的時間動員兵力，避免敵軍直接攻進以色列本土。但現在撤軍了，以色列就連他們到底在哪都不知道。以色列必須能看到地面發生的事情。

艾希德接著指向國防部長身後的地圖上以色列與埃及的漫長邊界。「在撤軍後，衛星能幫我們追蹤這裡發生的事情，」他說。

隨後他便反駁空軍宣稱能在需要時派偵察機飛到埃及上空的說法。

「我們不能對一個剛和我國談和的國家這樣做。這樣會違反條約，」他對國防部長說，「但衛星可以幫我們達成這個任務。」

魏茨曼問了幾個技術層面的問題。他想知道衛星要花多少錢、開發需要多久，以及拍出來的照片是否足以提供有用的情報。

艾希德離開辦公室時，並沒有得到他來這裡想得到的東西，但還是收到了他需要的機會。魏茨曼諷刺地說這是給他一個「失敗的機會」。

幾週內，艾希德便搭上一架以色列航空的班機，前往美國造訪航太總署位於馬里蘭州的戈達太空飛行中心（Goddard Space Flight Center）。這裡是美國開發生產最先進衛星的地方。然後他又飛去了法國，拜訪歐洲太空總署。

艾希德的結論是，這種事以色列也做得到。

現在的問題是資金——還不是打造衛星需要的資金，而是更基本的東西，出資請以色列國防企業進行可行性評估。

可是堅持不懈是有極限的。有時候剩下的路得靠運氣才能走完。一九八一年初，薩蓋前去美國維吉尼亞州的蘭利與中情局對談。這時以色列已和埃及簽訂和約，正在準備撤離西奈半島，所以薩蓋是來談別的事情。以軍正規劃要對海珊在伊拉克建造的核子反應爐發動空襲，他們需要衛星影像。

薩蓋身為第一位從內部晉升為「阿曼」局長的人，他不但是個技術高超的情報官，對科技也很有興趣。在他任內，「阿曼」經歷了許多重大的科技變革，包括讓執行海外秘密任務的幹員使用跳頻無線電機。跳頻是指不斷切換通訊的頻率，使外界幾乎不可能截聽、記錄通訊內容。

薩蓋尤其喜歡的科技是VISINT，目視情資的簡稱，包括從衛星上拍到的東西。電話可以封鎖、訊號可以干擾，但當時沒有任何科技能改變攝影機拍到的東西。當然，這種科技唯一的缺點，就是照片通常無法單獨指出其背後的意圖。舉例來說，如果照片拍到敵軍的裝甲師正在動員，那就需要另外想辦法取得情報，才能知道他們這麼做是為了演習還是要開戰。

但薩蓋的請求並不容易。以色列與中情局只要牽涉到衛星，關係就會變得時好時壞、不太穩定。有時候這樣的關係甚至要看中情局局長是誰（註三）。

舉例來說，在一九七三年十月初，以色列武官便曾拜訪五角大廈，希望美國的衛星影像單位能分享關於敘利亞與埃及部隊的情報。以色列手上的情報指出，這兩個國家正準備入侵以色列，但他們希望能有真正的證據佐證。可是五角大廈卻告訴武官，說美國的衛星故障了，無法提供照片。

當老布希於一九七六年成為中情局局長時，這個態度就變了，他同意提供確切的影像給以色列。「阿曼」馬上把握機會，派了兩位分析師——其中一位加入國防軍時還只是個炊事兵——前往蘭利。他們就坐在中情局的衛星分析師附近的獨立房間內。他們可以在這裡指定要什麼樣的照片，然後在收到照片後加以分析，最後再把情報轉回特拉維夫。

老布希的繼任者透納（Stansfield Turner）推翻了這樣的政策，只同意給以色列從衛星偵察任務所取得的情報，而不願意提供照片本身。到了一九八一年，威廉・凱西（William Casey）走馬上任，又推翻了前一任的政策。但他還是把提供給以色列的照片，限制在直接潛在威脅以色列國家安全的目標上（註四）。

當薩蓋來到蘭利時，他要求的不只是衛星圖像，還要直接控制一枚美國的偵察衛星。

這當然口氣很大，但以色列也有準備自己的籌碼：美國正打算出售一架先進的空中預警機（AWACS）——相當於空中雷達站的飛機——給沙烏地阿拉伯。如果美國打算讓以色列保持軍事裝備質量上的優勢，那這個猶太人之國就需要一些東西來當補償。因此它給了美國兩個選擇，給以色列一枚現成衛星「完全且對等」的使用權，或是給以色列一枚新衛星與其地面站的專用權（註五）。

美國雖說會考慮這個請求，卻沒有成全薩蓋想看到伊拉克反應爐的小小請求。當他幾天後垂頭喪氣地回到特拉維夫時，他做了一件不太尋常的事。他沒有回去跟參謀本部再要一次預算，而是直接把「阿曼」的預算撥出五百萬美元，然後把艾希德叫來。

「我要批准衛星研究的事了，」薩蓋對艾希德說，「別讓我失望。」

艾希德聯絡了以色列兩家頂尖軍火廠商，請他們提出方案。通常這樣的提案必須由國防部審核通過，但「阿曼」身為情報機關，常常以國家安全為由繞過這樣的程序。

這個計畫主要有兩個障礙要清除。首先是以色列到底能不能開發出配有電子光學攝影機的衛星，以及能在太空中拍出解析度足以具有任何價值的照片。「阿曼」替解析度設下了五英尺的標準，也就是照片必須能辨認拍到的到底是一輛戰車還是一輛貨車（註六）。

第二個問題則是要開發出發射平台。

艾希德約了一位名叫多夫・拉維夫（Dov Raviv）的工程師，他出生在羅馬尼亞，是IAI飛彈工廠的廠長。這座工廠通常用希伯來文縮寫「Malam」來稱呼，據稱就是以色列開發出耶利哥（Jericho）彈道飛彈的地方。這種長程、三段固體燃料火箭推進的飛彈，據報能攜帶核彈頭攻擊中東地區任何一個阿拉伯國家的首都。

艾希德想問的是，IAI有沒有辦法打造出一種能用來發射衛星的飛彈。艾希德的要求非常特殊，其中包括以色列所要發射的衛星方位等等。直到當時為止，各國發射衛星都是往東發射，以便配合地球自轉的方向。可是以色列不能往東發射衛星，因為這會變成是往約旦和伊拉克的方向發射。如果發射火箭意外落到了阿拉伯國家領土上，可能會被視為挑釁行為而引發戰爭。另外，如果衛星發射失敗，以色列就會將科技的成果白白送給敵人。

因此，以色列必須對抗地球自轉的方向，往西發射衛星。簡單來說，這表示以色列的工程師必須開發一具非常強大的飛彈彈體，這枚飛彈不但要對抗重力，還要對抗地球自轉才能把衛星射上太空。雖然這很有挑戰性，但拉維夫還是認為可行。

一九八一年六月七日，八架以色列F－16從西奈半島的基地起飛，前往伊拉克轟炸奧西瑞克（Osirak）核子反應爐。這次攻擊讓全世界都嚇了一跳。雖然大家都知道以色列對伊拉克的核子計畫很有意見，卻沒有人想過以色列的作戰能力可以發動超過一千英里的長程空襲，一路飛到伊拉克投彈再飛回來。

以色列戰機先飛過沙烏地阿拉伯與約旦領空，然後才到達伊拉克反應爐的所在位置。在他們飛過阿喀巴灣（Gulf of Aqaba）時，噴射機還被約旦國王胡笙（King Hussain）看到，他當時正在自己的遊艇上度假，一注意到飛機上的以色列空軍標誌，便馬上打電話給軍方，叫他們警告伊拉克。這個警告一直沒有傳達到，以色列空軍仍然在沒有被發現的狀況下偷偷溜進了伊拉克。

此事震驚世界，譴責的聲音也很快就湧入，包括白宮。這次攻擊所使用的F－16戰機才剛剛送到以色列沒多久而已。這些戰機本來是要賣給伊朗，但在一九七九年的伊斯蘭革命後，美國便轉而將這些飛機賣給了以色列。雷根總統（Ronald Reagan）在制裁以色列的壓力下，下令停止交付下一批戰鬥機，中情局也將以色列的分析團隊趕出了蘭利。

美國還進行調查，要查出以色列在請求照片無果後，到底是怎麼取得攻擊所需的目標情報。中情局副局長鮑比・英曼（Bobby Inman）下令馬上檢視過去六個月內以色列曾經請求與收到的照片。

雖然以色列在凱西的政策下只能取得潛在直接威脅的照片，但英曼卻發現以色列其實得到了伊拉克、利比亞、巴基斯坦和其他遠離這個猶太人之國等地點的照片。

英曼非常生氣，便訂立了新的條件，將供應給以色列的照片所在範圍限縮到該國邊界外兩百五十英里範圍內。更遠目標的照片還是可以申請，但在新的規定下，必須個別由中情局局長本人核准。

時任以色列國防部長的夏隆（Ariel Sharon）向美國國防部長溫伯格（Caspar Weinberger）提出抗議，但沒有用，英曼的新規定就這樣留了下來。

回到以色列，艾希德已完成可行性評估，並得到一個結論，以色列擁有所有需要的科技與技術知識，可以打造自己的衛星。在中情局限制衛星影像外流後，原本反對艾希德計畫的官員也開始軟化了，因為連他們都開始發現，以色列需要獨立擁有這樣的能力。依賴美國只會傷害以色列的國家安全。

前「阿曼」與摩薩德局長梅爾・阿米（Meir Amit）說明：「如果要仰人鼻息、靠著別人用剩的情報來度日，這真的很不方便、很麻煩。如果有自己獨立的情報能力，那就是截然不同的境界了。（註七）」

在美國，伊拉克這場充滿爭議的空襲，造成以色列請求直接操控衛星一事又回到了議事桌上。支持准許以色列這麼做的人主張，如果以色列一開始就能使用衛星，他們或許就不會攻擊伊拉克了，因為他們就會更了解那個核子反應爐實際的狀況；但反對的人卻警告，讓以色列有衛星可用，將會使該國有能力規劃更多區域性的攻擊。這些反對者也擔心如果美國讓以色列使用衛星，蘇聯也會給阿拉伯國家同樣的待遇。

在成功攻擊伊拉克反應爐的幾週後，總理比金（Menachem Begin）召開了一次會議討論人造衛星的提案。比金可能准許這個案子，並撥下計畫所需的經費，也可能會永遠扼殺以色列的衛星夢。

這是一場豪賭。薩蓋以前就見過比金。他擔任「阿曼」局長時，負責以色列的國家情報評估，因此常常私底下與總理見面。有一次，薩蓋提出了衛星的想法，比金也聽著他說，卻也提出警告。首先，他們必須考慮以色列開發衛星失敗、被外界發現，然後造成國家的嚇阻名聲受損這樣的可能；其次，世界各國可能會將以色列的人造衛星視為是一種威脅，或是這個小小的猶太人之國不應該擁有的過多權力。

「用你現有的資源想辦法吧，」這是比金當時告訴薩蓋的話。

當薩蓋和艾希德走進會議室時，他們知道這就是他們的機會。至少他們相信，這個專案在他們手上會比在別人手上更好。兩人都很尊敬比金，也知道如果要找出一位以色列首長是能理解獨立開發衛星運用能力的戰略重要性的話，那就一定非比金莫屬了。

比金出生在立陶宛，年輕時便醉心於猶太民族主義與猶太人獨立建國的夢想。他的人生充滿著反猶太主義與對猶太人的追殺；他的父親曾有一天被打得很慘回到家，因為他企圖阻止一名波蘭警察把一位猶太拉比的鬍子剪掉。比金一輩子都帶著這段日子的記憶。

「我永遠記得年輕時的兩件事：我們無助的猶太同胞受到的迫害，以及家父保衛他們的尊嚴而表現出的勇氣，」比金在最早幾次與美國卡特總統（Jimmy Carter）會面時曾這麼說過（註八）。

比金或許是個瘦小蒼白的孩子，但他就和父親一樣，學會了在學校操場上反擊那些仇視猶太人的人。一九三〇年代是青少年比金的改變年代。發起修正猶太民族主義運動的俄國作家維拉迪摩．賈鮑京斯基（Vladimir Jabotinsky）正好來到布雷斯特（Brisk）演講。賈鮑京斯基正在推廣修正版的猶太民族主義。他相信猶太人的國家必須以整個以色列之土為國土，不能有絲毫退讓。當時十七歲的比金在賈鮑京斯基演講時溜進劇場，到演講結束時他便了解，只有建立國家，才能保護、防衛其人民。流浪各地的猶太人是沒有未來的。

比金加入了「貝塔爾」（Betar）——修正主義的青年運動——並很快爬上了組織高層。二戰爆發時，他加入了自由波蘭陸軍，並獲派前往巴勒斯坦。一年後，納粹黨來到他的故鄉，並逮捕了約五百名猶太人，包括他的父親，然後再把這些人淹死在附近的河裡。他的母親後來被人從醫院病床上拖出去處死。

到了一九四三年，當時三十歲的比金成為「伊爾貢」（Irgun）的領袖，這是一個地下猶太民族主義準軍事團體，是從猶太人主要準軍事組織哈加拿分離出去的。當時的「伊爾貢」正在面臨瓦解，其追隨者人數太少，武器更是付之闕如，還缺乏清楚的方向。比金帶領這個團體重回正軌，並對英軍發動了一系列的精準攻擊，最後導致一九四六年的大衛王飯店（King David Hotel）——英國在當地的行政中心——爆炸案，造成九十一人死亡。

這場攻擊十分慘烈，但對比金而言，這件事很單純：英國必須撤離巴勒斯坦，以色列才能建國，因此即使是這樣的致命攻擊，也是合理的作法。

一九七七年，比金以右翼政黨聯合黨（Likud Party）黨魁的身分掌權，結束了近三十年的左派執政。國家進入了新時代，比金政府開始採取與先前的工黨政府相當不同的政策。

比金在當地下民兵與政治人物的整個生涯期間，都生活在納粹大屠殺的陰影底下。許多人都評論他在一九七八年前往大衛營與埃及談和的背後，有著這麼一個主要的動機。在一九八一年轟炸伊拉克反應爐前，比金常常忽略反對發動攻擊的聲音，並說：「在我有生之年，我絕不會看到第二次納粹大屠殺。（註九）」

他後來表示，當F－16戰機升空前往目標時，他心裡想著的是納粹大屠殺與他的父母。

回到會議現場，艾希德提出了人造衛星的構想，薩蓋表達了支持的態度，附議以色列不能繼續依賴美國等盟友的想法。以色列需要獨立自主的能力。

然後辯論就開始了。參謀總長伊登等人表達了懷疑的態度，主張以色列的衛星計畫可能會演變成浪費大量的資源與時間，而軍方這兩者都很吃緊。其他軍官試著說服比金投資開發巡弋飛彈，而不是把錢浪費在衛星發射火箭上。

但比金很有興趣。雖然總理避談細節——高科技實在不是他的強項——但他還是問了幾個問題，以便確定衛星是否能在以色列的國防上扮演重要的角色，而不是只用於商業用途。

比金對他得到的答案很滿意：以色列獨立開發的衛星，正好符合他的強烈信念，認為在納粹大屠殺不到四十年後，以色列不應該把自己的命運交託給別人。

也正是同樣這個想法，讓他不顧歐美國家強烈反對，批准攻擊伊拉克核子反應爐。如果納粹大屠殺教會了比金什麼東西，那就一定是猶太人永遠不應該在像保護生存權這麼基本的事情上依賴別人。即使是很好的朋友，也不能完全依靠對方。

「這個專案將會是猶太人才能的體現，證明我們有能力把事情做到最好，」比金告訴艾希德，「動手吧。（註十）」

艾希德先離開房間，讓比金和其他與會者繼續討論當天的議程。他們當時都不知道這是多麼重要的一步，將會使以色列未來得以成為軍事超級強國。

但過程並不容易。第一個難關就是以色列必須學會打造衛星的方法，同時不能讓外界知曉。

比金深知美國人要是知道以色列正在製造國產衛星，一定會很不高興，因為他們早就警告過，說國產衛星會造成中東地區的軍備競賽。

因此他想出一個巧思的方法：建立一個民間機構——以色列太空總署（Israel Space Agency），並指派一個叫尤瓦爾・內曼（Yuval Ne'eman）的人當署長。

內曼是比金政府的前任科技部長，也是知名理論物理學家，他帶著自己在軍中與學界的影響力上任。他過去是「阿曼」的資深情報官，後來還曾在以色列原子能委員會工作（Atomic Energy Commission）。當甘迺迪總統在一九六〇年代詢問以色列總理本古里安以色列的核子計畫內容時，提供答案的人就是內曼。

為了確保計畫成功，比金決定只讓內曼代表以色列太空總署公開發言。他的名字還要出現在相關期刊上，一切都可偽裝成科學研究。艾希德也會出現，但只能掛學術界的教授名義，絕不能提及他的軍階與職位。

艾希德和內曼馬上注意到他們的衛星尺寸有限，主因是發射火箭無法攜帶太重的衛星。

因此他們的第一枚衛星、地平線號（Ofek）設計時就沒有安裝攝影機。他們的想法是要先看看彗星號火箭能不能讓這枚衛星進入軌道。

衛星不只很小，而且是真的非常小。美國當時的主力衛星是ＫＨ－11，總重超過十三噸，但艾希德與ＩＡＩ設計的衛星重量只有一百五十五公斤。

艾希德回憶當時的狀況，說：「每一公斤都很重要，這個專案所有的零件都要訂做。」下一個挑戰就是找到資金。雖然比金批准了計畫，但以軍對此事還是抱持懷疑的態度，參謀本部也不太願意撥經費下來。計畫一開始的投資就要價將近兩億五千萬美元。

但薩蓋有辦法。在他先前擔任「阿曼」副局長的時候，他和幾位南非高階軍官建立了相當緊密的關係，其中有些人還會帶著妻子前來以色列。薩蓋和太太漢娜，這時候就會在自己位於特拉維夫南邊一個小牧場城鎮的大房子裡宴客。

一九七〇年代是以色列與南非關係的全盛時期。南非需要武器，而以色列需要錢。薩蓋有一天和他的南非朋友提出了這個想法，並成功替這個專案募到了幾百萬美元。這個協議被列為最高機密，一直持續了十五年，直到南非公開它出資參加以色列開發彈道飛彈與衛星發射火箭的專案（註十二）。

一九八三年，薩蓋從軍隊退休，同時也離開軍事情報局局長的職位。他的接班人是巴拉克（Ehud Barak），這位前途光明的將軍日後將會成為以色列的參謀總長、國防部長和總理。巴拉克認為「阿曼」和以色列全國上下都不需要衛星，可以用偵察機拍的空照圖湊合著用，即使是從以色列領空內斜著拍出來的也沒問題。

這對計畫可能是致命的一擊。「阿曼」本來是衛星的主要客戶，如果巴拉克反對部署衛星，那這枚衛星的作戰需求就沒有了。如果沒有作戰需求，衛星也就不會升空了（註十二）。

空軍對以色列國產衛星也興趣缺缺。空軍司令阿維胡．本隆少將（Avihu Ben-Nun）曾建議終止這個計畫。他擔心衛星的預算會影響到戰鬥機，他認為戰鬥機比較重要。本隆還主張說，反正以色列可以和法國或美國購買衛星影像。

空軍的另一個輪調認為，他們需要即時的戰術情報。他們宣稱，如果衛星提供這樣的情報，以色列就需要時時保持有二十枚衛星在軌道上，以便輪流持續注意特定的作戰區域。這樣的衛星網顯然已超出以色列的預算所及範圍。

但就算身邊已沒有了薩蓋的支持，艾希德還是堅持立場。他後來常常說自己的字典裡沒有「不可能」三個字。

隨著發射日越來越近，政府開始面對新的挑戰。秘密計畫馬上就要以十分顯眼的方式公開了。以色列打算發射衛星的空軍基地——帕爾馬欽——就在特拉維夫南邊一點點而已。全國上下和全世界都會知道以色列有何動靜。

另外，自從《關於登記發射進入外太空客體公約》（Convention on Registration of Objects Launched into Outer Space）在一九七六年生效後，聯合國會員就必須持續通知聯合國自己發射的衛星，以供登記使用。以色列即使至此都拒絕正式承認自己正在打造人造衛星，也不得不配合這個公約。

時任以色列國防部長的拉賓成立了一個專責委員會，負責監督衛星專案的解密過程。委員會的委員來自各部會、軍事單位與ＩＡＩ。拉賓決定讓ＩＡＩ的資深發言人多隆・蘇斯利克（Doron Suslik）負責打點所有記者會與新聞稿的發出，國防部長只要保持沉默就好。委員會準備了一本手冊，內有一份媒體預計會提問的題庫。蘇斯利克的回答都強調這次發射的科學成就，並盡量冷處理軍事的那一面。

軍方努力退居幕後，希望發射衛星這件事能被外界當成是科學計畫，沒有軍事用途。

一九八八年九月十九日，在延後了一天之後，地平線一號衛星發射進入太空，讓以色列加入了具備獨立衛星發射能力的國家之列：美國、蘇聯、法國、日本、中國、印度與英國。

這是歷史性的一天，以色列也一如計畫，努力強調這次發射的科學成就。

「這是一場技術方面的實驗……使以色列登上現代科技時代的領先地位，」時任以色列總理的夏米爾（Yitzhak Shamir）在發射幾天後表示，「我們應該先考慮此事在科技方面的重要性，以及以色列在此領域的國際名聲已大幅提升的事實。（註十三）」

以色列於 2014 年從特拉維夫南邊的一處空軍基地發射地平線衛星。（IAI）

雖然夏米爾和蘇斯利克極力避免，但各國媒體比起衛星，還是更關心發射火箭的事。這是很簡單的物理問題。如果以色列製造的飛彈能將衛星射上太空，也就擁有了能將核彈頭發射到中東區域內的彈道飛彈。

雖然衛星沒有攝影機——以色列當時甚至否認在開發間諜衛星——阿拉伯國家都還是知道，這個猶太人之國開始得以隨時隨地監視他們的軍隊只是時間早晚的問題。

這次發射也對華府傳達了一個訊息。雖然以色列公開表示深深感謝美國提供的軍事協助，但衛星發射的事實證明，這樣的依賴程度其實很有限。就像比金的願景一樣，獨立自主的衛星發射代表了獨立自主的以色列。

兩年後，以色列成功發射了第二枚衛星，這次還是沒有搭載攝影機。至此，以色列國防部已經對發射任務很有信心了，決定要發射真正的偵察衛星。

軍中還對衛星的價值存疑的人，在看到伊拉克海珊總統於波斯灣戰爭中對以色列發射的三十九枚飛毛腿飛彈（Scud）後，也都被說服了。若是沒有偵察衛星，以軍將不可能找到伊拉克的飛彈發射車，也無法提供飛彈來襲的早期預警給以色列民眾。若是這樣的話，以色列將必須靠美國才得知有飛彈發射。

在飛毛腿飛彈射向以色列的晚間，以軍高層會擠在特拉維夫國防部底下的「波爾」（Bor）強化地下指揮中心裡。這是緊張的時刻。以軍認為必須採取行動、擬定作戰計畫，甚至要用直昇機空運特種部隊進入伊拉克沙漠，以便找到並摧毀飛毛腿飛彈的發射車。夏米爾總理沒有採行這些計畫，而是屈服在美國對以色列施壓要求克制的壓力下。華府擔心以色列如果實施報復，會導致美國一手促成的阿拉伯世界反伊拉克聯盟瓦解。

當有天晚上，在更多飛彈砸進特拉維夫之後，時任國防部督察長的大衛·伊夫里（David Ivry）便提出警告，說接下來只會日趨嚴重。

「我們現在看到大約四十枚的飛毛腿飛彈，遠遠比不上我們以後會遇到的狀況，」他告訴身處在波爾的以軍將領。

伊夫里對伊拉克略知一二。他在一九八一年時是空軍司令，轟炸奧西瑞克核子反應爐的行動就是在他之下督導執行的。當時也是他說服了比金總理，說以色列的飛行員能完成這次攻擊任務。

國防部長莫西·阿倫斯（Moshe Arens）本身就是知名的航空工程師，他也同意伊夫里對這次潛在威脅的評估。波斯灣戰爭結束之後，他馬上召來軍方的研發團隊，要他們更新偵察衛星的作戰計畫。阿倫斯說：「我們現在就要有了這種東西。」

但當國防部終於在一九九三年發射一枚真正的偵察衛星時，火箭卻沒有成功到達太空。人造衛星掉到了地中海某處。在國防人士之間，以色列衛星因此被冠上「反潛衛星」的外號。

這時便輪到艾希德身為國防部研發處長的上司烏茲・艾蘭（Uzi Eilam），向國防部長面報這次失敗的狀況了。這時的國防部長是拉賓，他在選舉結束後又被任命這個職務。當他見證了先前兩次成功發射時，部長辦公室裡擠滿著重要人士與業界代表，但這次房間卻是空蕩蕩（註十四）。

在發射失敗造成的震驚消退後，一支由沒有參與衛星計畫的飛彈專家組成的獨立委員會開始調查失敗原因。他們發現了五種可能的技術性故障，大多都與發射火箭有關。

但艾蘭和艾希德都知道問題更嚴重。墜落的發射火箭上載的是他們唯一可用的衛星。他們沒有第二枚了，更別說要上哪生出錢來打造一枚替代品。

這時他們想起了「QM」，這是實際升空衛星的精確複製品，設計用來作為測試平台使用，讓科學家測試其他系統，然後才安裝到真正的衛星上面。但問題是QM並不適合上太空，它不是為了升空而建造的。

國防體系內為此事分裂成了兩派。謹慎派反對將QM發射升空，而是建議發射一枚重兩百五十公斤的假衛星——與真衛星等重——等於是測試一次先前失敗的發射火箭。艾蘭和艾希德則屬於另一派，他們主張修改QM衛星的設計，讓它可以發射升空。他們想要臨機應變。

這是風險很高的狀況。艾蘭和艾希德都知道要是再失敗一次，高層絕不會輕易放過，而且會讓整個衛星計畫從此消失。

打安全牌、靜靜等待新型的改裝發射火箭確認能上太空的誘因很強。但艾蘭和艾希德還是反擊，要求馬上將QM發射升空。他們警告，如果不這樣做，以色列將會失去努力建立的獨立自主能力。

他們將這個冒險的提案帶去找拉賓，在一陣說服之後，拉賓批准了。

在多年的測試與修改後，發射日終於定在一九九五年四月五日。當艾蘭來到帕爾馬欽空軍基地的發射場時，漆有大衛之星的發射火箭正矗立在發射台上，上面還裝著直到最近都還是測試衛星的東西。現在已經沒有回頭路了。

艾蘭坐在飛彈控制室的落地窗旁，窗戶的另一邊，國防軍軍官正在做最後準備，同時還檢查著整個基地的遙測與雷達系統，確保發射火箭保持在預設的航線。

在外海，海軍的軍艦已在地中海清出一條走廊，確保民間船隻不會通過火箭飛行路徑下方，以防火箭再一次失敗。

「倒數五分鐘，」聲音從對講機上傳來，整個觀測室都聽到了，「倒數三分鐘。」

這時只剩一個人能阻止發射了。這個人是首席安全官，他是一位國防軍的後備上校。就算是國防部長親自開口，也只有他有權限中止發射。艾蘭看了一眼：上校的手就放在紅色中止開關旁。他準備好了。

當倒數進入最後十秒時，火箭便進入自動飛行模式。發射台的支援團隊撤離，最終倒數也開始了。突然之間，有一個聲音在管制對講機上大喊：「停、停！」

艾蘭的心情跌到谷底，現在只剩幾秒了，他看了看房間內，急著想知道發生什麼事。首席安全官聽到了呼叫，看了看他的各種系統，並把手從中止開關上拿開。然後便發生了：火箭引擎點火升空，只留下一大片白煙雲。那個呼叫要喊停的最後發現是假警報。

幾分鐘內，第一節推進器在利比亞外海某處分離。過了幾分鐘後，另一節燃料段落入地中海離阿爾及利亞不遠處。

雖然發射已經成功，但艾蘭知道他們還沒有可以安心。他在等待第三節火箭分離，以便將衛星射入太空。艾蘭與其他重要人物都在玻璃窗的另一邊，一動也不動地等待著。

幾秒鐘之後，他終於聽到了他在期待的話：「分離成功。衛星已進入軌道。」

房間內爆出一陣歡呼。艾希德一直都在衛星控制室所在的ＩＡＩ總部追蹤發射的過程。雖然衛星已經上了軌道，但現在就要看看運作正不正常、太陽能板是否能張開。

艾蘭打了通電話到ＩＡＩ，但幾乎聽不見艾希德說的話。他大喊道，「海姆，怎麼了？可以了嗎？（註十五）」

十二個小時後的第二天早上，地平線三號已繞行了地球八圈，並已開始拍照。照片的解析度比預期的要好。他們可以清楚看到本古里安機場附近漆有以色列空軍軍徽的飛機。

這次成功使以色列的實力馬上獲得認可，更重要的是，它也粉碎了軍隊內部對衛星可能還抱持的任何反對意見。現在大家都支持以色列的衛星計畫了。

地平線一號在一九八八年的那一天發射，只是個開始而已。從當時起，以色列已發展成衛星業界的超級強權。就像他們擅於製造的其他平台，以色列的衛星不以求大為目標，而是做出所謂的「迷你衛星」，重量約三百公斤，比美國「巨大」的二十五噸衛星要輕巧許多。

到了二〇一四年地平線十號升空時，以色列已有七枚間諜衛星在太空軌道中繞行，許多都採用能拍下高解析度照

以色列「合成孔徑雷達衛星」（TecSAR）的模型，該型衛星使用雷達而非攝影機來建立高畫質影像。（IAI）

片、具備電子光學感測器的攝影機。舉例來說，二〇一〇年發射的地平線九號衛星就載有以色列製造的「木星」多波段攝影機（Jupiter），能從幾百公里外辨識出最小五十公分的物體。

除了裝有攝影機的衛星之外，以色列還有兩枚各載有一具合成孔徑雷達——一種能產生高解析度影像——的衛星。雷達具有明顯的優勢，攝影機無法看透雲霧，但前者卻能全天候運作，甚至能穿透偽裝網。

以色列有了七枚間諜衛星，便得以衛星群的模式操作它們。衛星之間可以互相通訊，即使超出傳輸範圍時，也能即時回傳影像。

以色列在開發最尖端衛星與相關酬載的成功也得到了世界的關注。二〇〇五年，法國決定利用以色列的專業，與ＩＡＩ建立戰略合作關係並開發新的衛星。這款衛星名叫金星（Venus），設計目的是研究土地資源，包括植被、農業與水質。二〇一二年，義大利向ＩＡＩ訂購了一款偵察衛星，造價高達一億八千兩百萬美元。新加坡和印度據報多年下來也購買了數枚以色列衛星。

回顧以色列的衛星計畫當初是如何開始、演變，這實在是相當驚人的成就。那麼以色列成功的秘密是什麼？

艾希德和薩蓋表現出的不只是強大的創新能力，還有一種堅持與固執，也就是「無畏」精神。他們有著崇高的目標，要讓以色列上太空；他們相信這是可以做到的，即使面對強烈反對，也不願意放棄。

艾希德的作法正是許多身處於保守環境但眼光放得更遠的人所做的事：他改變了規則。「我很驚訝，甚至到今天都還不敢相信比金會批准我們的計畫，」在我們前去艾希德位於特拉維夫、可以俯瞰地中海的公寓拜訪時，他是這麼告訴我們的，「軍方高層給了我們很多阻力，我真的沒有想過我們會有辦法說服總理。」

艾希德在特拉維夫附近展示的「彗星」載運火箭模型旁留影。（Haim Eshed）

雖然有時候，打破階級結構看起來好像會威脅到一個組織長期的戰略思考，但其實也能建立一種允許自由交換意見與批評的環境，進而扮演正面的角色。

艾希德認為，創新者要成功實現夢想，有兩大要素。首先是必須確保他們提出來的想法基本上是可行的。套艾希德的話說，就是：「沒有違反基本物理法則。」

第二個要素則是堅持，但更重要的是「臉皮要厚、腰桿要直，還要有能力承受侮辱，甚至是朝自己丟來的雞蛋。」

以色列的衛星是由一處位於國土中央的機密指揮中心控制，其所屬單位的名字只有一個番號，叫九九〇〇部隊。在那裡有一個牆上掛滿電漿螢幕的房間，並有許多官兵追蹤著衛星的狀況、派它們執行不同的任務，同時等著照片回傳過來。

自成立以來，九九〇〇部隊便使用衛星專門偵察戰略性目標，也就是距離太遠、偵察機與無人機無法偵察的敵人，像伊拉克、伊朗、利比亞這樣的地方。在二〇〇〇年代前半期，以色列衛星主要用於伊朗，追蹤這個什葉派伊斯蘭教國家的核子計畫狀況。

這點到了二〇〇六年夏天，以色列與真主黨爆發為期一個月的戰爭時全都變了調。官兵被派往黎巴嫩作戰，卻沒有準確的情報。他們手上的地圖全都已經過時，也完全不知道真主黨躲在哪裡。

戰爭結束後，九九〇〇部隊進行了重整，調整了偵蒐重點，這些努力也沒有白費。二〇一二年十二月，這個單位因其在幾週前結束的反哈瑪斯作戰「雲柱行動」前收集到的情報，而獲頒勳章敘獎。

這次變更重點的過程並不容易。過去的九九〇〇部隊必須持續追蹤敘利亞軍的行動，同時還要注意伊拉克。由於在加薩的哈瑪斯和黎巴嫩的真主黨這一類敵人通常躲在民宅內，衛星操作員往往必須加倍努力。尋找一座埋在校園裡的火箭發射器比追蹤一個敘利亞裝甲師要困難得多了。

九九〇〇部隊會在指揮中心建立以軍口中的「目標資料庫」，範圍包括黎巴嫩、敘利亞、加薩與其他地區等眾多前線。「資料內容詳盡到我可以告訴飛行員他要瞄準哪裡，」一位該

國防軍負責衛星圖像判讀的 9900 部隊中，患有自閉症的官兵正在電腦前執行勤務。（IAI）

部隊的年輕軍官解釋道（註十六）。在以色列最近於加薩走廊執行的行動中，衛星操作員與分析師會獲派前往以軍各地面作戰師的前進指揮部。這麼做的目的，是要建立一條情報鏈，能在收集、分析情報的九九〇〇部隊與深入敵後的地面部隊之間即時運作。

取得情報只是工作的一半，另外一半是分析影像。關於這點，以軍建立了一支由經過嚴格資格認證、具有優異視覺與分析能力的軍人組成的分支。這支單位的成員有一個常見的特徵，而這個特徵也同樣驚人：他們全都患有自閉症[3]。

招募自閉症士兵的想法來自塔米爾．帕爾多（Tamir Pardo），他在以色列的情報機關摩薩德當局長直到二〇一六年才卸任。他聯絡了以色列一家專門負責幫助自閉症青年融入勞動市場的非政府組織。當時帕爾多還說：「一定有方法能讓以色列的情報單位利用他們的能力。」

這些「特殊」的士兵會參加一場特別為自閉症人士而設的訓練課程。一開始，軍方抱持懷疑。雖然他們都是高功能自閉症患者，但讓他們加入軍隊仍然是一種風險。幾個月後，這

3 譯註：作為參考，中華民國國軍在尚有義務役的年代，將自閉症列為免役（丙等）體位。

個專案的成功甚至超越了部分比較樂觀的期待。這些士兵專門負責找出地形上的改變。如果有一道樹叢移動了幾公尺、一棟建築物變大了一點點，他們都會發現。對一般人而言，這種拓樸學上的改變看起來可能很自然，因此一般人會對他們視而不見。但對九九〇〇部隊而言，這卻可能代表有一具火箭發射器或軍火庫藏在裡面。

這樣的運作方式十分特殊，因為大多數國家都會自動免除自閉症患者的兵役義務，絕不會特別為他們創造一套特殊的訓練課程。但在以色列這或許也是意料之中的事，畢竟自閉症患者具有獨特的能力，而以色列的資源很有限。

衛星為現代戰場帶來了革命。它們帶給了以色列前所未有的情報偵蒐能力，在中東地區與世界大多數地區都無人能敵。

即使以色列持續加強自己的太空戰力，在二〇〇九年卻還是敲響了一記警鐘，提醒這個國家它並不是區域內唯一有這樣能力的人。

伊朗在那一年發射了「希望號」衛星（Omid）上太空，是該國第一枚國產衛星。就像以色列在一九八八年發射的第一枚衛星，「希望號」也沒有裝備攝影機，伊朗也宣稱這是單純科學研究用的衛星。後來伊朗在二〇一五年發射偵察衛星。

即使如此，二〇〇九年的這次發射仍具有相當的歷史意義。首先，這展現了伊朗政權在開發彈道飛彈上的進展。如果他們能獨立發射衛星上太空，他們就有能力將核彈頭——等開發完成後——發射至中東區域範圍內，甚至包括歐洲部分區域。

伊朗不是唯一追求上太空的中東國家。二〇〇七年，埃及與俄國共同開發的第一枚偵察衛星從俄國發射，但在三年後故障。埃及繼續其太空野心，並在二〇一四年發射第二枚同樣由俄國發射的間諜衛星。但在不到一年後，這枚衛星卻突然神秘地故障，並與地面管制站失聯。

伊朗與埃及的太空活動，說明以色列在一九八八年加入的中東衛星俱樂部不再由它獨佔了。具獨立發射衛星能力的國家越來越多，對以色列的國安威脅也就越來越大。以色列不再是唯一能窺看鄰國的國家了，現在它的鄰國也能偷看它了。

第五章 「鐵穹婚禮」

這原本是一場普通的婚禮，有鮮花、好聽的音樂和可以暢飲的酒吧。新人邀請了約三百位賓客，外燴業者自當天午後不久，就在以色列南部最大的城鎮俾什巴（Beersheba）架設室外婚禮現場。

同日下午四點，一枚以色列空軍發射的飛彈擊中了一輛在加薩市住宅區的街上行駛的銀色起亞轎車。他們的目標是哈瑪斯行蹤不定的軍事指揮官阿米德·賈巴里。這一天是二〇一二年十一月十四日，「雲柱行動」——以色列阻止來自加薩的火箭攻擊的行動——已經開始了。

賈巴里應該直到最後都沒聽見飛彈朝自己的車子衝過來的聲音。有一架以色列的無人機就在上空盤旋，已經追蹤他好幾個小時了，正在等待時機到來。賈巴里沿著道路行駛時，經過一輛擠滿人的小巴。他的車一到達安全距離，飛彈馬上發射，擊中這輛車並殺死車上的人。殘骸飛得到處都是。

刺殺行動結束後，國防軍國土前線指揮部（IDF Home Front Command）——負責民防的指揮部——發佈指示，要求所有位於哈瑪斯火箭射程內的學校停課。依照他們的指示，任何一百人以上的戶外集會都要取消。但這對新人卻決定要繼續辦婚禮。雖然典禮在傳統猶太教神職人員的主持下本應在戶外舉行，但禮堂就在旁邊而已，如果警報響起，大家只要往內跑就行了。即使政府發出了警報，說加薩馬上會有報復性的火箭攻擊來襲，這對新人還是要結婚。

婚禮攝影師榭．馬魯勒（Shay Malul）在當天下午兩點與新郎新娘碰面，以便開始拍攝。兩個小時後，廣播電台傳來刺殺賈巴里的新聞。「我馬上知道接下來就要『巴拉桿』（balagan）了，」馬魯勒回憶道。他講的希伯來文俚語是「一團大混亂」的意思。他打電話給太太，叫她去接小孩馬上回家。他自己則打算繼續工作。他解釋說這是因為畢竟攝影已經開始了，他總不能就這樣走掉。

到了晚上七點半，大多數賓客都來了，現場還安排好了大規模的自助吧與多層式酒吧。一切都依計畫進行，可是到了八點十五分，警報響了。有些賓客開始往婚禮堂的方向移動，馬魯勒也決定加入他們。但在他進入室內前，他先將攝影機鎖在三腳架上，隨性指向空中某處。這時他看到第一枚像是煙火的東西，是一股強光往上流動。等看到第二波的時候，他便馬上跑進禮堂尋求掩護。

在馬魯勒後來上傳到 YouTube 的影片中，有十五個小而亮的光點以不同的方向飛過夜空。這些東西看起來像是煙火秀的開場，但其實快速移動的光點是以色列製的「鐵穹」飛彈攔截系統，其目標是十二枚幾秒鐘前才剛從加薩走廊發射的卡秋莎火箭。影片中，這些光點一個接著一個爆炸，攔截從加薩走廊來襲的火箭。

當退休國防軍准將丹尼．高德，同時也是「鐵穹」系統開發的靈魂人物看到這支 YouTube 影片時，他感到滿意的點並不是攔截的過程。他注意的是別的事情。警報響起時，有些賓客逃往了室內，其他人則留在外面，繼續照著「星期天早晨」（*Sunday Morning*）的翻唱版歌曲跳舞，那是美國知名搖滾樂團「魔力紅」（Maroon 5）的名曲。

這就是「鐵穹婚禮」。

鐵穹系統的開發過程是個迷人的故事，結合了以色列人為人所知的所有特徵：無畏精神、堅持、臨機應變與永垂不朽的精神。

鐵穹系統是為攔截短程火箭彈設計——是加薩走廊的哈瑪斯與黎巴嫩的真主黨常用的武器——鐵穹系統面對這些武器的成功率相當驚人。在二〇一二年雲柱行動的八天內，鐵穹陣地擊落了近八成五前來攻擊以色列城市的火箭。在二〇一四年針對哈瑪斯發動的「保護邊陲行動」期間，鐵穹達到了九成的成功率。

這樣的成功率在世上無人能及。沒有其他國家擁有類似於鐵穹的系統。

以色列在飛彈防禦系統開發的第一步是個意外。一九八〇年代中期，美國總統雷根邀請美國的盟友加入他的星戰計畫（Star Wars Program），是美國當時正在開發，以便替該國抵禦蘇聯核子洲際彈道飛彈的防禦系統。時任國防部長的拉賓建議以色列也要參加。以色列確實沒有什麼東西能拿得上檯面，但拉賓的想法很簡單：以色列必須強化與美國的關係，而在飛彈防禦上的合作可以替以色列帶來新的管道與機會。而且合作的事又不需要馬上投入資金。

但為了看起來像是那麼一回事，拉賓下令國防部研發局——希伯來文縮寫Mafat，相當於美國國防先進研究計畫局（DARPA）——想一些點子寫下來，這樣時機到來時以色列才有東西可以拿給美國人看。這對以色列的國防企業而言不難，他們覺得如果拿出看起來有希望的東西，美國人說不定就會在他們身上砸大錢。就算只有最低限度的投資，對以色列人來說，也可能如同挖到金礦般的情況。

在軍隊內部，拉賓的決定卻引來了不少質疑。前不久才有一群情報專家分析過以色列面對的飛彈威脅，並認定此威脅甚低，絕對不值得在飛彈防禦上砸大把銀子。沒錯，敘利亞是有相當優異的長程飛毛腿飛彈，但那已經是以色列面對傳統威脅時的延伸了。雖然敘利亞的化學武器是一大威脅，但只要發放防毒面具給民眾就能解決了。

另外一個疑慮是，以色列要加入的這個計畫顯然就是衝著蘇聯。以色列一加入星戰計畫，蘇聯就有藉口可以使用更強硬的政策對付以色列，提供更多先進武器給阿拉伯國家，同時還能限制准許猶太人移民到以色列的人數。

但拉賓還是下令研發局繼續行動。該局找上了烏茲．魯賓（Uzi Rubin）來監督這個計畫。魯賓是一位很有才華的年輕航太工程師，先前已在數個機密的國防計畫中證明過自己的實力，並贏得了嚴謹管理的名聲。

魯賓馬上著手，短短幾個月內，以色列的國防產業拿出了三個紮實的提案。第一個是由精銳塔皮優計畫的結業生提出的，其內容是開發一種特殊化學大砲，能以前所未有的速度發射六十公厘的砲彈；另一個想法是開發飛彈防禦測試平台，一處能以電腦模擬飛彈防禦系統的實驗室。

最後最具野心的提案，名字叫弓箭（Arrow）專案。此提案打算開發一種攔截飛彈，能在大氣層外不遠處擊落來襲的彈道飛彈——以飛彈擊落飛彈。

這樣的想法實在太前衛了。開發人多夫．拉維夫認為這對以色列的國防十分重要。他說由於以色列國土面積不大、缺乏戰略縱深，所有在區域內部署的彈道飛彈都能打到以色列國內的任何目標。拉維夫說以色列需要一種以高高度攔截飛彈為基礎的系統，能擊落鄰國上空的敵軍飛彈，同時替以色列提供全面性的保護。

時機到來時，魯賓便帶了一支以色列國防代表團前往華府提出這三個提案。美國人看到弓箭計畫嚇了一跳，但他們真正嚇到的重點，是拉維夫宣稱整套系統的開發只需要一億五千八百萬美元。他們以為這樣的專案至少要五億，而且最後大概還要再追加。以色列感到驚訝的點，則是五角大廈居然決定三個計畫都要投資。

國防軍高層對華府的高度興趣不怎麼滿意。參謀總長巴拉克中將寄了一封信給國防部長，抗議投資弓箭計畫一事。他的立論很簡單：以軍需要戰車、戰鬥機與海軍攻擊艦艇。就像空軍司令在當時的一次參謀本部會議時說的一樣：飛彈防禦不會贏得戰爭，攻擊才會。

在另一次會議中，巴拉克提出將預算撥給飛彈防禦系統會降低國家未來贏得戰爭的機會。他希望國防部長拉賓將所有可用的經費都交給以軍購買攻擊性武器。巴拉克認為這樣就能使戰爭盡快結束。

巴拉克繼續說，如果拉賓堅持一定要有飛彈防禦系統，他可以直接買美國正在開發的類似系統、薩德反飛彈系統（THAAD）即可，那套系統的造價會比開發「弓箭」計畫便宜。

魯賓找到了一位盟友，那就是以色列空軍先前負責伊拉克核子反應爐轟炸行動的指揮官大衛・艾佛利，這時他已當上國防部的督察長。在一次與軍方高層舉行的會議中，反對「弓箭」計畫的人引用了本古里安的名言，說為了生存，以色列必須時時將戰爭帶到敵國領土。他們宣稱投資國土防衛違反了以色列的國家精神。

艾佛利回應：「本古里安是這麼說過沒錯，但你忘了他也在建國前幫猶太社區建立過防禦。他知道防禦和攻擊一樣重要。」

接近一九八七年年底時，以色列得到了新的情報，指出敘利亞正在開發一種化學彈頭，可以安裝到該國數量龐大的飛毛腿飛彈上。這是重大發展。以色列一直都知道敘利亞有化學武器，但直到當時，敘利亞都必須將飛機開進以色列領空才能投下化學炸彈，而以色列空軍很有自信它能攔截敘利亞戰機。現在敘利亞只要把一枚飛彈丟過邊界就行了。

這項新情報進來時，差不多剛好是伊拉克在兩伊戰爭中將飛毛腿飛彈打向德黑蘭，造成該市大舉撤離的時候。以色列看得出彈道飛彈對平民有著相當毀滅性的效果。

即使如此，以軍裡還是沒有動靜，因此艾佛利決定採取行動，並在一九八八年三月寫了一封密函給國防部長、參謀總長、軍事情報局長與空軍司令。

「地對地飛彈是以色列最大的戰略威脅，我們必須採取行動，」艾佛利在信中警告，並直接指控高階的空軍與軍事情報官忽略其規模所造成的威脅，「他們的看法與事實不符。」

這封信與信中的尖銳批評嚇了國防單位一跳。空軍與軍事情報單位的首長都向拉賓抱怨，艾佛利幾天後又寄了一封信，對自己原本信中的言詞可能太過針對個人而道歉。但仍然拒絕撤回要求以色列政府將預算撥給「弓箭」計畫的事。

雖然軍方極力阻止，但拉賓最後還是站到艾佛利這邊，並批准一個規模不大但維持好幾年的預算案供「弓箭」計畫使用。「這就是我們要的計畫，沒有別的了，」拉賓在另一次會議上說。

這次計畫有起有落，在一九九〇年時似乎已沒有繼續下去的希望，可是接著在一九九一年，波斯灣戰爭爆發，海珊向以色列發射了三十九枚飛毛腿飛彈，癱瘓了整個國家並迫使數百萬以色列人戴上防毒面具躲進密閉的避難室。以色列陷入了完全的恐慌。戰爭結束後，「弓箭」計畫

弓箭飛彈於 2011 年 2 月實施的試射任務。（MDA）

被推上了全國最優先的計畫之列，其開發能量以及更重要的預算，都達到前所未有的新高。美國也加強了投資額，完全不顧拉維夫估算失準的事。這個計畫花的錢比他原本預期的還要少。

開發還需要好幾年的時間，但在二〇〇〇年，空軍終於收到了第一批可以運作的弓箭飛彈連，使以色列成為世上第一個具備彈道飛彈防禦系統的國家。到了這時，巴拉克也改變想法了。他在一九九九年選上總理之後，有一天前去參觀IAI生產弓箭飛彈的工廠。他曾轉頭對弓箭專案經理烏茲・魯賓承認自己的錯誤：「你說得對……我從沒想過我們能搶先美國一步，成為第一個部署戰略級的彈道飛彈防禦系統的國家。（註一）」

這個國家有史以來第一次有辦法防禦伊拉克與敘利亞的飛彈，但這樣的成功卻很短暫。這時的以色列還不知道，有一種新的飛彈威脅正在意想不到的地方醞釀著。

艾里・莫堯（Eli Moyal）正坐在他位於南方城市斯德羅（Sderot）家中的門廊前。交接

才剛於兩天前完成，莫堯身為市長，此時正在享受穿過他這座沙漠城鎮的溫暖微風。突然之間，一陣強烈的爆炸震撼了他家的窗戶，然後又是另一次爆炸。莫堯沒有想太多，直到他看到有段距離、仍在本市範圍內的地方有煙霧升起。他馬上從椅子上跳起來，往煙柱的方向跑去。他在現場看到地上有個洞，還有像是金屬管的東西從洞裡伸出來。

「先不要說出去，」一位來到現場的高階軍官告訴市長，「似乎是有兩枚火箭彈從加薩發射，然後落到了斯德羅。」

這時是二〇〇一年四月，莫堯簡直難以相信自己聽到的話。「火箭彈？在斯德羅？（註二）」

哈瑪斯稱這種火箭彈叫「卡薩」，是以卡薩姆旅（Kassam Martyrs Brigades）來命名，是該恐怖組織的軍事團體。這個團體致命且惡名昭彰，對以色列人發動過無數次自殺炸彈與槍擊攻擊。當時這種火箭的射程有限，連一英里都不到。到了二〇〇五年，哈瑪斯將卡薩火箭的射程延長到了十英里左右。到了二〇〇六年，射程去到十三英里；到了二〇〇八年又延長到二十六英里，最後在二〇一二年，哈瑪斯取得伊朗製的火箭，能攻擊約莫四十英里外的特拉維夫（註三）。到了二〇一四年，從加薩走廊地區一共發射了超過一萬兩千枚火箭彈攻擊以色列，其中超過一千枚落在斯德羅，使當地成為這次火箭衝突最明顯可見的象徵，並癱瘓了這座以保護以色列建國後逃離土耳其和伊朗的猶太人為建城目標的城鎮。

像這樣的威脅雖然出乎意料，但也不是完全沒有徵兆可循。自一九九〇年代以來，哈瑪斯的標準戰術就是在以色列各地發動自殺炸彈攻擊。他們偶爾也會以開車槍擊的方式作案。但以色列原本以為哈瑪斯沒有能力取得火箭。但事後看來，使用火箭對哈瑪斯而言是合理的作法，他們的學習榜樣——敘利亞和真主黨——在幾十年前也做了類似的轉型，他們發現自己比不過以色列在空軍與步兵上的優勢。而火箭正好適合繞過這樣的優勢。

在二〇〇〇年第二次巴勒斯坦大暴動爆發時，以色列便加強對加薩走廊巴勒斯坦地區的控制，包括海上與陸上的關卡。巴勒斯坦人可以說是被關閉在裡頭。如果哈瑪斯想要攻擊以色列，就必須想出新的方法，而火箭彈可說是完美的解決方案。

二〇〇一年射向以色列的火箭有一個優勢，就是製造所需的原物料非常容易取得。這些火箭重量輕盈、方便運輸，而且不需要複雜的發射系統。隨便一組金屬架就能當發射架了。火箭可以直接用鐵管做，從路燈上拆下來的鋼管就行。最重要的是，哈瑪斯不需要通過以色列檢查哨或繞過以軍的巡邏隊才能發動攻擊，只要把火箭從他們頭上射過去就行了。

到了二〇〇五年，哈瑪斯就有兩大火箭武器來源了。短程的卡薩火箭與卡秋莎火箭是在加薩走廊當地設計與生產；射程比較長的飛彈則是透過該恐怖組織在埃及邊界挖掘使用的地下隧道網走私進入加薩。這個隧道網就位於一處九英里長的地帶，名叫費城走廊（Philadelphi Corridor）。有些飛彈太大，無法整個送進隧道運輸，因此只能拆解後走私到加薩，再由哈瑪斯的工程師組裝。

莫堯那天看到的並不是以色列第一次遇到火箭攻擊。以色列北部先前就曾被真主黨從黎巴嫩基地發射的火箭彈攻

以色列國土前線指揮部正在舉辦演習，模擬以色列中部遇到飛彈攻擊的狀況。（IDF）

擊過。可是這兩枚卡薩火箭卻傳達了驚人的訊息：以色列面對的火箭威脅正在擴大，這個國家又一次失去了防禦能力。

以色列花了不少時間，才完全了解這種新威脅的規模。在二〇〇一年，以色列在加薩走廊內還有屯墾區，雖然這裡常常受到攻擊，但大多都是來自迫擊砲或偶爾滲透進入、單獨作案的槍手。火箭攻擊的規模也花了一點時間才擴大。二〇〇一年全年只有四枚火箭攻擊以色列；二〇〇二年有三十四枚，到了二〇〇三年就變成一百五十五枚了。這個趨勢越來越清楚了（註四）。

以色列以為本身已經算是有方法處理這個問題了。一九九六年，時任總理的裴瑞斯與美國總統柯林頓簽了一份協議，呼籲兩國聯合開發一套飛彈防禦系統，並以一種叫「鸚鵡螺」（Nautilus）的雷射武器為基礎。當時所預期的威脅是從黎巴嫩打過來的卡秋莎火箭，但以色列政府認為這套系統也可以視需求而快速部署到別的地區。問題是雷射的開發比預期的要久，而且無法確定到底會不會成功。

開發過程的重大突破發生在二〇〇四年，其契機就是丹尼·高德准將獲派接下國防部研發局長的職位。高德是以無線電士的名義徵召入伍，但對開發武器一直都很有一套。在他於一九九〇年代擔任空軍負責開發武器的上校時，請了長假去特拉維夫大學念了兩個博士，一個是企業管理，另一個是電機工程。他在兩年內就把兩個博士學程都修完了。

高德接下新職務後不久，決定要把加薩地區新興的火箭威脅列為研發局的主要重點之一。他的決定完全是出於直覺。雖然加薩的威脅才剛開始，但高德相信它可能會成為威脅到國家與戰略層級的重大威脅。

高德先照規矩來，提出一份預算請求書，經由標準的官方管道請求撥預算進行科技性的探討。但不管他去哪裡，

以色列海軍在一艘開往加薩的船隻上發現據稱來自伊朗的火箭彈，並將其沒入。（IDF）

聽到的答案都一樣：「算了吧，我們沒錢。」如果他稍微施壓，他遇到的將軍都會用以下四個藉口擇一或好幾個來搪塞他：你的想法不會成功；開發解決方案要二十年；這要花好幾十億美金；等火箭防禦系統開發好了，它在戰場上也已經沒有用了。這些將軍主張以色列必須投資在攻擊能力上，而不是加強防禦。一切又和弓箭系統的故事一樣。

高德不願意放棄。他主張這樣的飛彈防禦系統能讓以色列在戰場上更為主動。如果以色列的平民能受到保護，打仗時就不必在火箭攻擊的壓力下急著結束衝突。他同時警告，以色列如果受到大規模飛彈攻擊，將會有嚴重的經濟後果。「如果我們成功，這套系統將不只能保護國民，還能給政府更多時間思考，然後再回應攻擊。」

雖然處處碰壁，高德還是決定繼續下去。雖然部門的預算不多，他還是想辦法周轉了一下，拿出一小筆預算執行第一步，建立一支開發團隊。

在這支團隊開始工作之前，高德先去了一趟軍事情報局阿曼，聽聽他們對於以色列所面對不斷進化的火箭威脅有什麼樣的預測。情報分析家告訴他，哈瑪斯還要好幾年才能擁有夠先進的火箭，足以對以色列的國土前線構成戰略性威脅。他們認為這代表現在還不需要急著開發出一套系統來反制。

「有差嗎？」高德反問這些分析師，「哈瑪斯終究會走到那一步，就算要好幾年也一樣。反正開發本來就需要時間啊。現在就該開始了。」高德知道「鸚鵡螺」雷射系統的事，也知道那個計畫投入了好幾億美元的資金。可是他也得到了一個結論，那套系統沒辦法成功，大概永遠都不會成功了。

因此在二〇〇四年八月，高德對以色列的國防產業提出系統資訊需求書（RFI），請他們提出新的火箭防禦系統構想。幾週後他的團隊至少收到了二十四個提案，從類似「弓箭」系統的動能攔截武器到「鸚鵡螺」雷射系統的改型，再到高速快砲統統都有。軍方高層光是對於攔截加薩走廊發射的火箭彈到底可不可行就已經非常懷疑了，尤其當目標是在火箭飛行只有幾秒鐘就會擊中的斯德羅這種地方的時候。

但高德的團隊還是把每一個提案都評估了一輪。

有一個系統是以方陣快砲（Vulcan Phalanx）為基礎，這是通用動力公司（General Dynamics）設計來保護軍艦、攔截來襲反艦飛彈的一種快砲。美軍正在將這套系統引進到陸地上使用，以便替伊拉克的前進基地擋下火箭與迫擊砲。以色列不能使用方陣快砲的理由很簡單：這門砲一分鐘要發射大約四千發砲彈，因為火箭來自加薩，所以這些砲彈當然就得朝著加薩發射。以色列要拿出什麼理由，才能解釋自己為了回應區區幾枚迫擊砲彈和火箭彈，就對著加薩走廊發射這麼多砲彈呢？

接下來就是升級版的鸚鵡螺雷射系統，現在叫「天衛」系統（Skyguard）。高德團隊評估這套系統後，發現它也不適合。這套系統有三個問題：雷射在多雲的天氣下無法使用、系統太大無法依需求快速移動，以及它無法有效攔截火箭彈攻擊。同時，這套系統顯然也還要好幾年才能真正進入實用化階段。

團隊奔波於美國、法國與德國等地，以便參觀部分系統實用的狀況，但似乎沒有一個提案接近他們想要的東西。高德有開出明確的條件，說明他要的是什麼，但有一個條件特別重要，這套系統必須很便宜。團隊又花了幾個月，到了二〇〇五年年中，高德與他的團隊認為已經找到了正確的選擇。一家以空對空飛彈聞名於全世界的公營企業拉斐爾公司提出了以火箭攔截載具為基礎的概念。

他們的想法相當具有創新精神。這套系統名叫鐵穹，由三個主要部分組成。首先是攔截飛彈，用來攔截來襲的火箭；第二個部分是強大的雷達，能偵測到敵軍境內有火箭發射；第三部分是以先進演算法為基礎的戰鬥管理系統，能預測火箭的軌跡，並算出落點，一切都在發射後的幾秒內完成。這樣一來，軍方就能警告特定目標區的居民，同時也不必浪費攔截飛彈在射往空曠地的火箭上。只有預計會落入有人居住地區的火箭才會列為目標並加以攔截。

另外，由於火箭發射與攔截之間只有幾秒鐘，這套系統必須有辦法自動運作，不需要人類介入。而最後或許也是最重要的一點，就是每枚攔截飛彈都必須很便宜。「如果攔截飛彈要一百萬美金，就算能運作，軍方也不會買單，」高德說。他還指出：「如果不夠便宜，敵軍只要用火箭攻擊把我們打到破產就好了。」

為了推動進度，高德做了一些超出以色列一般常見大膽精神的事。他決定直接打破規則。高德在違反許多規定的狀況下，於二〇〇五年八月准許拉斐爾公司開始開發這套系統。然後高德又更進一步，越權做出只有參謀總長或國防部長才有權做的事：他下令拉斐爾公司只要準備好，就馬上開始全案研究與開發生產。他還訂了最後的交貨日期。高德對他的團隊說：「我們必須盡快取得作戰能力。」

這是個險招。通常開發新武器的流程是這樣的：以軍先設定新武器的條件，然後像高德這樣的研發人員就會開始開發概念。然後研發部門會開出需求，給軍工產業有時間提出提案。高德把軍方的全盤規定都跳過了。他的行為當然沒辦法瞞天過海。二〇〇九年，以色列主計處長針對鐵穹計畫寫了一篇內容相當嚴苛的報告，指責高德違反軍方的規定。主計處長在結論中寫道，高德「在專案獲得相關權責單位核准前，就自行執行只有參謀總長、國防部長與內閣才有權限執行的命令。」但這不造成影響，因為等報告出爐時，鐵穹系統已經成功了。

在二〇〇五年一次與拉斐爾公司董事長伊蘭・比倫（Ilan Biran）的會議中，高德坦承他遇到最大的問題。「政府不願意為這個計畫出錢，」他說，「但我大概有五、六百萬美金的研究預算，只要你也出一樣的錢，我就能投入到這個計畫裡。」

比倫說他願意看看有沒有這樣做的可能，高德則試著給他信心。他告訴比倫說不論接下來發生什麼事，他都會取得全案研究與開發生產所需的預算。接著高德為了證明說到做到，便做了軍官鮮少會做的事：他聯絡了人在美國的一位以色列私人創業投資家，並請他準備五千萬美元。高德認識這個生意人，是在一次兩人幾年前投資的案子裡──當時高德代表空軍。「我不能告訴你，我要這筆錢做什麼，但請準備好這筆錢，我可能會打電話來和你要，」他如此告訴這位投資家。

比倫請高德給他幾天時間，讓他跟公司裡的工程師與飛彈專家討論。他與內部的高階飛彈開發人員開了一場會議，以便回答一個很簡單的問題：這件事辦得成嗎？

會議上的眾人都看向約西．德魯克（Yossi Drucker），他是一位資深飛彈開發人員，自一九七〇年代晚期就在拉斐爾公司工作，也是該公司飛彈部門的主管。德魯克和他的團隊已經做過七個飛彈專案了，他們是拉斐爾公司的飛彈團隊。

拉斐爾公司早在一九五〇年代便開發出該公司第一款空對空飛彈，但要等到一九七三年的贖罪日戰爭期間才成功。在戰爭期間，「蜻蜓」空對空飛彈（Shafrir）擊落了近一百架敵機。五年後拉斐爾公司又做了一次科技躍進，開發出「蟒蛇三型」飛彈（Python 3）。

這兩款飛彈最大的差別，在於蜻蜓飛彈必須從敵機後方瞄準才能擊中目標；但蟒蛇三型讓以色列空軍可以從不同的角度與位置擊落敵機。在第一次黎巴嫩戰爭期間，蟒蛇三型飛彈擊落了近四十架敵機。這款飛彈持續演進，到了二〇〇六年，以色列空軍大部分都已換裝蟒蛇五型飛彈了。這種飛彈可以在發射後才鎖定，也就是說飛行員可以在沒有看到敵機的狀況下擊落敵機。

「概念是這樣的，」德魯克有一天對團隊說明，「如果我們能用飛彈擊落飛機，那我們應該也可以用飛彈去攔截另一枚飛彈。」

但不是每個人都覺得事情真的有那麼簡單。如果是要瞄準飛機，飛彈可以鎖定到一個又長又寬的目標，可是當目標是要擊落一百七十公厘口徑的火箭時，攔截飛彈要鎖定的目標就很小了。在幾英尺內爆炸是不夠的，飛彈必須在非常近的距離內引爆才行。還有另一個原因，使得在戰時將飛彈射上天空變成一件很複雜的事情。空軍需要天上保持淨空，這樣戰機才能起飛與降落。現在這套系統一出現，空軍就必須擔心以色列自己的攔截飛彈在各個方向亂飛的問題了。這樣以色列的天空會變得很擁擠。「這不容易，但我們做得到，」德魯克說。比倫讓德魯克著手去建立一支工程師與科學家團隊，並開始工作。

由於資金短缺，拉斐爾公司與高德的團隊都必須節省開銷，盡量以最低的價格取得需要的材料與零件。舉例來說，他們遇到的問題之一就是把飛彈單元——每個裝有八枚飛彈——裝填到發射架上的問題。高德團隊的一位成員有一天上班的路上看到一輛垃圾車用堆高機將街上的垃圾桶舉起來傾倒。他馬上聯絡那家公司，幾週後便有一套類似的堆高機系統送到了拉斐爾總部。

開發繼續進行，但沒有完整的政府奧援，期限只能一再往後延。然後就在二〇〇六年夏天，一切都變了。二〇〇六年七月十二日，真主黨游擊隊跨過國界進入以色列，並攻擊了一支以軍的邊界巡邏隊。有兩名後備役士兵遭到綁架。為了切斷滲透部隊的退路，附近的一輛馳車式戰車——這可是以色列國產國防產業的驕傲——便以極速跨過國界行駛。它壓到了一枚大型炸彈，被炸成了粉碎。

一下子又是綁架，又是失去戰車上的四名士兵，使得以色列全國上下震驚不已。歐麥特總理決定報復，國家近四分之一世紀以來第一次進入戰爭狀態。

這場戰爭最後將會讓以色列北境得到十年安寧，也讓以色列大開眼界，見識到自己面對的火箭威脅到底實際上規模有多大。在短短三十四天內，真主黨發射了驚人的四千三百枚火箭彈攻擊以色列，平均每天超過一百二十枚。以色列大眾深受這種攻擊的創傷所苦。數以萬計的人逃離家園，以色列北部全都成了鬼城。

戰爭結束的幾天後，國防部長佩雷茨（Amir Peretz）在他位於特拉維夫的辦公室召開了會議，審閱有關飛彈防禦的選項。這場戰爭對佩雷茨而言充滿創傷，還威脅到了他的政治生涯。佩雷茨是資深的工會領袖、公認的社會改革家，也是偏社會主義政黨工黨的黨魁，他在幾個月前的選舉結束後，原本希望去當財政部長，但歐麥特擔心讓他接那個位子會影響經濟。歐麥特的幕僚都反對讓佩雷茨去國防部，但歐麥特心意已決。歐麥特和幕僚說，反正在之上還有他這個總理在，可以盯著佩雷茨。

由於佩雷茨除了服兵役之外毫無國防經驗，他的位子先前又接連好幾年都是由退役將領出任，因此不論是在軍中或外界，無不對這位新上任的國防部長投以懷疑的眼光。但這個人倒是對火箭略知一二。他在斯德羅住了很久，還曾經當過市長；他的家族有將近六年的時間，是加薩走廊火箭攻擊的對象。而他這一上任，終於有機會處理這件事了。

「鐵穹是現在最重要的計畫，」佩雷茨在會議上說，「我們應該不顧成本加速這個計畫的開發。」

不是每個人都贊同他的看法。副參謀總長莫西・卡普林斯基少將（Moshe Kaplinsky）直到戰爭前都是下一任參謀總長的熱門候選人，他便主張要有耐心。這位資深將領說：「今天大家都才在防空洞裡住了一個月，當然很容易去下這樣的決定，可是這可能會讓我們走向不

2006 年第二次黎巴嫩戰爭時，一座真主黨的火箭發射架。在本照片拍攝後不久，便由以色列空軍轟炸摧毀。（IDF）

想走上的路。」佩雷茨不顧警告，仍然將這場會議以命令高德加快火箭防禦系統的開發作結。

接下來幾週，歐麥特也第一次聽取了關於這套系統的簡報。討論的過程並沒有高德想像的順利。幾乎整個軍方高層都反對這個計畫，而歐麥特在壓力之下也不願意分出政府的資金給他們。

拉斐爾也感覺到了戰爭的影響。這家公司的飛彈工廠就在以色列北部。有許多住在附近城鎮的工程師與員工不是在戰爭期間被迫逃往南方，就是得在戰爭的三十四天期間躲在防空洞裡。就算沒有政府預算，鐵穹系統也突然成了這家公司的第一優先事項。

飛彈部門主管德魯克知道他想要找誰來當專案經理，問題是這個人——烏茲——才剛出國去智利健行，他規劃這次假期好幾個月了。一兩天過後，德魯克總算用電話聯絡上烏茲。「回來，」他說，「我們需要你。」烏茲請德魯克給他一兩天考慮，尤其還要說服妻子把兩人的夢想假期縮短。她同意了，因此烏茲在一週內回到了公司。

烏茲又花了幾天才調適、明白這個概念。但他很快告訴身邊的員工：「這個計畫沒有什麼不可能。」同時高德還在努力避開軍方內部對計畫的反對。他在二〇〇六年十一月又一次扭轉規定，片面與拉斐爾簽約繼續進行大規模量產。高德此舉跳過了許多重要程序，軍方還沒完成內部審閱，決定哪個單位要操作這個系統與系統的確實需求。

——

二〇〇七年初，佩雷茨來到了拉斐爾的飛彈工廠，以便見見這裡的工程師，同時視察生產線。他這時正打算把整個部門的力量全部投入鐵穹系統，並想看看他打算投入的幾百萬到底都會花到什麼地方去。

拉斐爾公司的飛彈工廠是以色列最安全的設施之一，座落在以色列北部風景秀麗的加利利（Galilee）山區，外面有通電圍欄和武裝警衛保護。軍方最具機敏性的飛彈與炸彈，有不少都是在這裡發明與製造。在主要行政辦公室的入口處，有一個很大的大廳，裡頭展示著拉斐爾公司多年來開發的部分飛彈模型，這也成了這家公司科技能力的一大證明。

在佩雷茨來訪時，他正處於名望最低迷的時期。從黎巴嫩返國、對政府處理戰爭方式不滿的後備軍人，在耶路撒冷搭了個巨大的抗議營地，並要求國防部長下台、國家啟動調查。

如果這還不夠慘的話，幾週前佩雷茨還去戈蘭高地參加過一場軍事演習。第二天在發給媒體的照片上，他用望遠鏡看向遠方，可是鏡筒的保護蓋卻還蓋著。他馬上成了國際笑柄。

拉斐爾公司的獨到之處，在於它不像許多高科技公司會把年齡當成負擔，而是當成一種資產。佩雷茨走過工廠大廳時，可以看到七十好幾的工程師坐在剛從鐵尼翁畢業的新人身邊。老工程師手裡拿著鉛筆與黃色線條記事本；年輕人則用筆記型電腦點來點去。

佩雷茨看過了不同的飛彈，以及關於它們的簡短介紹，然後前往生產線，由德魯克導覽。

「我想你們都是一天三班不停地工作吧，」佩雷茨說。

「不，」德魯克對震驚的國防部長說，「我們一天只有一班，一班二十四小時。」

佩雷茨並不知道這家公司會在週六，也就是在猶太教的安息日開門作業。公司從拉比那裡獲得了許可，可以讓生產線繼續運作。這個國家的生命受到威脅，而鐵穹是拯救生命的必要裝備，當然要持續生產。

但就在高德、佩雷茨和拉斐爾公司努力推動鐵穹的進展時，國防圈內還是有人十分不滿。最大的反對者包括拉斐爾一位前資深主管，他持續遊說政府將重心轉往天衛系統——先前名為鸚鵡螺的雷射系統升級版。這波宣傳攻勢相當傷人。幾乎每天都有反對鐵穹系統的投書，宣稱它無法對抗飛彈齊射，就算它做得到，每枚造價介於五萬到十萬美元之間的攔截飛彈也會讓國家破產。

二〇〇七年六月，佩雷茨的國防部長之位交給了巴拉克，也就是前總理與前參謀總長。他上任後過了幾週，便請高德與他的研發團隊再次評估天衛系統，看能不能讓這套雷射系統與鐵穹平行開發。高德反對再次審閱，但他別無選擇，只能配合。拉斐爾高層很擔心這次審閱會使政府最後倒向天衛系統，使公司的努力與投資化為泡影。高德告訴他們：「別擔心，我們的系統是唯一可行的。」

但就算高德與拉斐爾進展出色，政府還是得面對新的挑戰：就算這套系統成功了，以色列怎麼買得起夠多的發射系統與飛彈，來保護其邊境？

大家都同意這個問題的答案來自六千英里外的華盛頓特區，問題是該怎麼和美國人提這件事比較好。在國防部的一次會議後，政府決定提出技術合作的初始請求。這份請求來到了朗恩（Mary Beth Long）的桌上，她是主管國際合作的國防部助理部長，在部長蓋茲（Robert Gates）底下做事。

為了評估請求，五角大廈派出一個專家團隊前往以色列，與開發人員碰面。他們回去的時候並沒有很信服。首先，美國的團隊相信以色列低估了鐵穹系統的真實成本，一旦以色列面臨大規模飛彈攻擊，這套系統真的會讓以色列破產。美國的工程師也覺得以色列對於高攔截率的預估與事實相差甚遠，認為就算是在最理想的狀況下，最多也只能擊落約百分之十五的火箭彈。

「這行不通，」團隊和朗恩這麼說。

幾週後，一支國防部代表團來到了五角大廈，與朗恩以及她的團隊見面。這支代表團帶隊的是阿默斯・吉拉德（Amos Gilad），部裡的政治與軍事事務主任，過去是高階的以軍情報官。

朗恩開口相當一針見血：「你們為什麼現在要來問這件事？」她這樣挑戰以色列的團隊，「我們才剛完成了法案，你們可用於軍事的援助金比以往都還要多。」朗恩指的是幾個月前以色列和美國才剛簽訂的備忘錄，當中約定美國在接下來的十年間，每年要援助以色列三十億美元。這是史上規模最大的國外軍事援助措施。

這次新的援助是以色列與美國間多年談判的結果，但對黎巴嫩的戰爭在這當中扮演了很重要的角色。以色列面對的威脅與日俱增，小布希政府知道如果美國想要以色列冒險與巴勒斯坦走向談和，那美國就必須給這個國家一些安全感。

朗恩認為以色列想用來開發鐵穹的任何預算，都應該從每年收到的這三十億裡支出。但問題是以色列國防部對於美國援助的這些錢早已有別的打算，大部分都要用來購買戰鬥機並補充戰爭期間消耗掉的飛彈。朗恩不喜歡這樣的答案，因此叫吉拉德和代表團重新思考他們的要求。「在你們要我的部門作出困難的預算決定前，我希望至少能看到你們也做過同樣困難的預算決定，」她說，「如果我沒有看到證據說你們試著在你們的體系中找錢，那就不要回來告訴我，說我必須在我這邊找出錢來。」

還有另一個問題在官僚體系內造成了某種程度的困擾。在五角大廈這邊，朗恩的辦公室只能出錢給已經證明可用的武器計畫，而不能投資還在開發的東西。這表示鐵穹系統必須先由五角大廈的另一個辦公室評估過才行。對以色列而言，這表示他們又損失了更多時間。朗恩可以直接否決這個計畫，但她沒有這麼做。她決定要給該計畫一點點機會。她沒有扼殺這個想法，而是請五角大廈中東政策部門的負責人羅賓・蘭德准將（Robin Rand），與以色列國防部合作建立短程火箭防禦工作團隊，處理雙方認知上的差距。在拉斐爾位於以色列北部的飛彈中心裡，工程師將鐵穹發射器裝上卡車，以便長途搬運到公司位於以色列南部的飛彈試射場，接近以色列與埃及的邊界。稱為塔米爾（Tamir）的攔截飛彈要接受飛行測試了，這樣才能確定其機動性與設計的構想相同。直到這時為止，所有的測試都是用電腦模擬，這次才是用上真貨做實驗。

操作人員開始最後倒數：「五、四、三、二、一。」拉斐爾開發團隊、以軍軍官與國防部官員全都盯著房間內一排排的螢幕看。有一個螢幕拍著發射器的彩色即時畫面；另一個則是有點模糊的紅外線影像，讓開發人員能在攔截飛彈穿過雲層後繼續追蹤。

當操作人員按下發射鈕時，什麼都沒發生。他又按了一次，這次比較用力，但還是沒有用。

這是德魯克和他的團隊最擔心的狀況：整個系統的開發可能會完全失敗。媒體正緊密追蹤著鐵穹系統的開發過程，而這樣的新聞很可能會在飛彈發射前就毀了整個計畫。

德魯克別無選擇，只能把發射架裝回卡車上，然後送回拉斐爾的工廠。幾天後，工程師找到了問題。顯然有一條纜線不小心鬆脫了，造成系統故障。他們在兩週後回到發射場，這次操作人員一按下發射鈕，攔截飛彈塔米爾就應聲發射。

雖然這次測試成功了，但鐵穹系統還沒脫離險境。二〇〇九年，也就是第一次實彈攔截測試以前，工程師發現這套系統的軟體裡有個錯誤程式。

部分團隊成員對高德說：「我們應該延後試射。所有的高層都會在場，如果失敗的話就太難看了。」高德想了幾分鐘，決定照常舉行測試。他告訴部屬說：「就算攔截失敗，我們也必須從錯誤中學習。」

第二天早上，團隊又一次開車前往試射場。早上十一點前不久，模擬卡秋莎火箭的靶彈升空了。大家都看著鐵穹操作人員的螢幕，看到雷達馬上偵測到火箭發射。大家都屏息以待，直到一陣爆炸聲使整棟建築為之搖晃。鐵穹成功了。它擊落了第一枚卡秋莎火箭。隨後爆出的掌聲與跳躍，差點把建築物弄垮。

由蘭德將軍帶隊的美軍團隊正充滿興趣地跟進開發的過程，後來的測試證實這套系統的攔截成功率遠遠超出美軍原本的估計，鐵穹至少能擊落八成來襲的火箭。即使如此，五角大廈還是不太想投資這個計畫，因為這件事得等等。

———

二〇〇八年七月，來自伊利諾州的新人參議員歐巴馬（Barak Obama）來到了以色列。

這是歐巴馬第二次來訪，但是第一次以總統候選人的名義前來。他在以色列待了兩天，是其旋風式出訪的其中一站，造訪的國家除了以色列，還包括科威特、約旦、德國與法國等。相較於他的對手，資深參議員馬侃（John McCain），歐巴馬幾乎沒有任何國際事務上的經驗。這趟出訪的目的，就是要給為他營造亟需的可信任感。

歐巴馬先是去了到訪官員必去的猶太人大屠殺紀念館與耶路撒冷的哭牆，也去了一趟斯德羅，也就是與哈瑪斯火箭攻擊最有關連的以色列南部城市。他去了當地的警察局，並站在所謂的「火箭墳場」內，這是一處大院子，裡面裝滿擊中該城的火箭殘骸。那裡就是他為發表「必須阻止伊朗核計畫」的演講所挑選的場地。

演講結束後，歐巴馬回答了一個記者的問題，對方問他是否能接受美國有城市就像斯德羅這樣，持續受到火箭彈的威脅。

「我不認為世上有任何國家，會覺得有飛彈一直砸在他們的公民頭上是一件可以忍受的事，」歐巴馬說，「如果有人要把火箭彈射到我家，也就是我兩個女兒晚上睡覺的地方，那我一定會盡我能力所及的一切去阻止他們。我也認為以色列會做同樣的事。」

這次造訪斯德羅的行程，對這位未來的總統有著格外深刻的影響。行程結束後，歐巴馬對幕僚說，如果他當選，他的政府一定要協助以色列找到方法強化防禦加薩走廊火箭彈攻擊的能力。

但此時離美國大選只剩幾個月，以色列的資金請求就這樣躺在五角大廈積灰塵。沒有人會期望在現任總統任期只剩幾個月的現在，還會開啟新的資助計畫。就算到了選後，以色列也知道不好馬上去找歐巴馬政府，而是應該給對方一點時間把位子坐熱。

事情就在二〇〇九年四月產生了變化。喬治城大學教授科林・凱爾（Colin Kahl）是一位國際政策專家，他在這時獲派成為美國國防部中東事務副助理部長。他的工作就是要監督美軍在這個敏感區域內的政策，並協助找出能穩定地區局勢的方法。此時和談的進度已經受阻，歐巴馬下定決心要讓以色列與巴勒斯坦重返談判桌。納坦亞胡總理受到很強的壓力，要他停止建立墾殖區。美國需要一些籌碼，讓這一切成真。

同時，以色列國防部長巴拉克來到了華府，並給了五角大廈一份文件，上面列出了以色列在願意考慮撤出約旦河西岸、讓巴勒斯坦建國之前所必要的基本安全需求。這份需求的重點，就是以色列擔心撤出約旦河西岸，會造成火箭攻擊來到以色列中部，就像以色列幾年前撤出加薩走廊時一樣。這時凱爾發現他的桌上有一份鐵穹系統的請求，他後來將此刻稱為是

「電燈泡亮起的瞬間」。

凱爾把這個想法交給時任美國國安會中東政策負責人、很快就會成為美國駐以色列大使的丹・夏皮羅（Dan Shapiro）。「鐵穹系統很有前途，」凱爾告訴夏皮羅，「如果成功的話，我想應該能讓以色列比較願意支持兩國方案。」[1]

凱爾和夏皮羅達成了共識，要派一支新的飛彈防禦專家團隊前往以色列檢視這套系統。此舉引起了不少爭議，因為當時的美國政府正打算吸引以色列購買方陣快砲——那套高德和研發團隊已經確定不採用的高功率機砲系統。但凱爾還是派了這支團隊過去，他們回來時則對鐵穹系統讚不絕口。

二〇〇九年六月，凱爾第一次正式造訪以色列。以軍派出直昇機載他前往黎巴嫩邊界，聽取真主黨與自二〇〇六年以來該組織有關軍事擴張的簡報。然後他又搭機往南，來到與加薩走廊的邊界，聽取另一份有關哈瑪斯的火箭威脅日益升高的簡報。

1 編註：主張為居住於巴勒斯坦土地的兩個民族——猶太人和阿拉伯人，各自建立兩個不同國家。該方案希望在約旦河西岸與加薩走廊建立一個巴勒斯坦國，與以色列並存。自一九九〇年代兩國方案成為美國政府推動以巴和談的國策。

他對以色列如何缺乏戰略縱深、城鎮離南北兩邊的威脅有多近都很震驚。凱爾一回到華府，馬上起草一份備忘錄，建議白宮立刻授權投資兩億美元開發鐵穹系統。他的立論很簡單：以色列要的是安全保障，而鐵穹可以提供給他們。這樣總統就能快速啟動和平談判，以色列則可以多一層保護。

鐵穹系統於二〇一一年三月啟用，以軍首先將第一處陣地部署在俾什巴外圍。這套系統很快就派上用場。四月七日，鐵穹系統擊落了第一枚火箭彈，幾天內又攔截了八枚。

除了拯救以色列人的生命外，鐵穹系統也成了改變局勢的東西。以軍在最近的加薩走廊行動中使用這套系統，並攔截了約九成來襲的火箭。二〇一二年，以軍不曾派遣地面部隊進入加薩走廊。即使在二〇一四年派兵前去，也只有進行單獨一次針對地下隧道的行動而已。有了鐵穹系統擊落大多數飛往以色列城市的火箭後，政府便擁有了「外交空間」——可以在回應前先思考的能力，這在危機時刻是十分寶貴的資產。

像鐵穹系統這種規模的系統，平均大約需要七年才能完成開發，卻只花了三年。以色列是怎麼在這麼短時間內，開發出像鐵穹這種革命性的系統呢？

答案有一部分是像高德這樣的以色列軍官與生意人，往往比西方國家的類似人物更願意冒險。以色列教育部長納夫塔里・班奈特（Naftali Bennett）告訴我們，他身為高科技產業企業家的經驗。班奈特曾在兩個精銳部隊中服役，分別是參謀本部偵察部隊（General Staff Reconnaissance Unit，或稱 Sayeret Matkal）與瑪格蘭，兩者都專精於深入敵後從事秘密行動。班奈特二十一歲時，就已在黎巴嫩的行動中指揮一百人作戰。

退伍後過了幾年，班奈特來到紐約一家銀行的門口，和他的高科技合夥人準備第一次創業。他們開發了一套防詐騙軟體，並在幾年後以一億四千五百萬美元的價格賣出。「大家都很緊張，」班奈特回憶，「於是我問他們，最糟的狀況會是怎樣？他們就是拒絕而已嘛，又不會有人死掉，也不會有人踩到地雷。」某種程度上而言，高德在開發鐵穹系統時的態度也是這樣。最糟的狀況，就是高德失敗，埋葬了個人的職業軍人生涯而已。他覺得潛在的回報值得他冒這個險。

但這仍無法解釋高德為何違反軍方的規定，沒有等待程序進行、走比較安全的路。高德在有一天於特拉維夫見面時告訴我們，以色列等不起。這個國家一定要生存才行。「我們知道加薩有幾千枚火箭彈，黎巴嫩還有幾萬枚，」他說，「我們要怎麼辦？等這些火箭越變越多嗎？」

以色列的飛彈防禦系統開發已改變了現代戰爭的面貌，而這個國家也是世上唯一曾在戰時使用過飛彈防禦系統的國家。

對以色列而言，像鐵穹和弓箭飛彈這樣的系統，其價值不只是拯救人命而已。這些系統還給了這個國家的高層一種能力，可以在報復火箭攻擊之前有多想一想的空間。它們讓以軍有能力保護基地，並確保軍方保持作戰能力，即使有許多飛彈射向跑道，也能確保軍機持續起降作戰。

以軍正在開發第三套系統，名叫「大衛彈弓」（David's Sling），開發完成後將負責處理對鐵穹系統而言太大、對弓箭系統而言卻又太小、難以攔截的火箭彈[2]。

世界上還有其他國家正在投資飛彈防禦系統，包括美國、日本與南韓等等。但沒有任何國家建立像以色列這樣的多層結構。

即使以色列已開發、部署這樣的系統，其最終目的還是沒有達成。鐵穹系統剛部署時，有些國防官員認為如果這套系統成功，哈瑪斯就會放棄使用火箭彈。他們認為哈瑪斯會發現火箭已不是有效的武器，進而停止花錢打造規模更大的火箭戰力。

然而這並沒有發生，以色列的敵人仍然以令人暈頭轉向的速度屯積火箭與飛彈武器。根據以色列情報單位最近的估計，真主黨在這方面的戰力最強。真主黨在十年內，主要靠著敘利亞與伊朗的協助，成功將手中射程涵蓋以色列全境的火箭彈與飛彈數量從一萬五千枚提升到超過十萬枚。據信哈瑪斯就擁有大約一萬枚。

以色列所面對的威脅不是只有飛彈的數量，其不斷提升的品質也是一大問題。「阿曼」將這樣的轉型稱作「六度飛躍」（Fire-by-6），指的是真主黨近年來六度進行的武器升級。今天真主黨擁有的飛彈更多、射程更長、彈頭更大、精準度更高，而且可以從更深入敵境的地方發射——而不是只能在邊界附近，有時候甚至可以從強化陣地或地下發射井發射。

舉例來說，敘利亞製的M－600飛彈[3]，其射程有兩百英里、能攜帶五百公斤的炸藥，還

2　編註：該系統已經於二〇一七年四月宣布上線服役。

3　譯註：伊朗「征服者110」飛彈（Fateh-110）的授權製造版。

配有先進的導引系統，使真主黨得以擁有前所未有的精準度。以色列相信真主黨擁有數百枚M－600，全都存放在黎巴嫩中南部的地下發射井與民宅內。

這種持續成長的危險正是以色列創新的動力之一。這種威脅會讓人思考生存的出路。前以色列飛彈防禦署署長阿里葉．赫佐格（Arieh Herzog）解釋道：「我們可以選擇創新，也可以選擇消失不見。」赫佐格生於一九四一年的波蘭，納粹德國入侵該國後的兩年。在他父親被納粹殺害後，赫佐格的母親偽裝成基督教農民，帶著兒子逃往匈牙利，一直躲到戰爭結束。

當美國飛彈防禦署的官員來訪時，赫佐格身為接待人員，總會先帶他們去參觀猶太人大屠殺紀念館，然後才談正事。對此他解釋道：「在看過我們的人民可能面臨怎樣的下場後，你就會明白確保這種事不再發生有多麼重要。這不是虛構的威脅，這是我們每天都要面對的現實。」

第六章　結合智慧的反恐作戰

這是一個鮮有人知的秘密。經過多年的獵殺後，以色列國家安全局「辛貝特」[1]——以色列極機密的國內安全機關——終於成功找到了全加薩境內通緝名單之首、最難找的人物：穆罕默德．戴夫（Mohammed Deif）。這是情報官生涯中難得少見的時刻。在特拉維夫郊外，辛貝特總部的特種司令中心燈火通明。官員在大型電漿螢幕前的橢圓桌旁各就各位，而從線民、無人機和衛星等來源取得的情報也開始流入。

在空軍司令部，據報戴夫所在的建築物尺寸正在進行分析，並有一群專家小心選擇要投

1　譯註：希伯來文稱 Shabak，或 Shin Bet。

下的炸彈種類。炸彈必須小到降低連帶傷害，卻又大到足以完成任務、殺死這個逃離死神魔掌多年的人。這個過程是與時間賽跑，戴夫從來都不會在同一個地方停留太久。即使如此，這些情報還是需要再三確認。在經過好像永恆般那麼久之後，行動終於獲准執行了，兩架以色列空軍的戰鬥機起飛前往轟炸的目標——加薩市謝赫拉德萬區（Sheikh Radwan）的一棟小型公寓。這天是二〇一四年八月十九日，以色列正處於對抗哈瑪斯的「保護邊陲行動」的第五週。

戴夫並非名不經傳的通緝犯。他是位居哈瑪斯權力金字塔的頂端，已在追緝下逃亡了二十年。這也不是以色列第一次試著殺死他了。上次刺殺行動於二〇〇六年發動，但戴夫沒有死，只是重傷而已。他總是有辦法逃掉。

在交戰數週、傷亡增加，火箭彈也持續攻擊以色列之後，刺殺戴夫應能幫以色列的士氣止血回升。光是要取得戴夫所在位置的精確情報就已經是大費周章了，只有一小群經過高度分工的隨扈，才知道這位指揮官人在何處。光是能找到這個人就已經是一大成就了。

炸彈落下後不久，戴夫遇刺的謠言就傳開了。死者包括戴夫的其中一個妻子，以及他八個月大的兒子。當地人還找到另一具遺體，但沒有人能指認那是不是戴夫。不論如何，這都像是一箭射中哈瑪斯軍事部隊卡薩姆旅的心臟。戴夫是這支部隊的最高行動指揮官，他是一位靈魂人物，是巴勒斯坦多年來與以色列交戰的最具代表性人物之一。如果戴夫死了，他一定會留下一個巨大的權力真空。

哈瑪斯南方師師長穆罕默德・阿布・薩馬拉（Mohammed Abu Shamala）與哈瑪斯高階指揮官雷德・阿塔（Raed al Attar）推斷兩人的上級已死，便離開藏身處，前去參加一場特別安排的高層會議。直到今日，我們仍無法得知這是否在戴夫遇刺消息的震驚之下，兩人所做的魯莽之舉，還是這兩個人想趕快搶到上層的權力，搶在別人之前取而代之。

有關這次高層會議的第一個線報，於刺殺戴夫的行動兩天後傳來。辛貝特發現薩馬拉和阿塔出現在南方城鎮拉法（Rafah），那是加薩與埃及邊界旁一處已知的哈瑪斯據點。接下來就是與時間賽跑了，每分鐘都很重要。如果在這個區域魯莽行事，可能會造成兩個資深的哈瑪斯指揮官逃走，以色列便又會失去一次打擊哈瑪斯高層的機會。

以色列派出無人機在當地盤旋，試著了解這裡到底正在發生什麼事。無人機收到的資訊湧入了辛貝特的指揮中心。一旦以色列收到最終消息，確認兩名資深哈瑪斯人物就在建築內，飛彈僅需不到一分鐘時間就可以到達。後來在瓦礫清除後，巴勒斯坦承認這兩名恐怖分子首腦已經死亡。以色列又給了哈瑪斯另一個致命的打擊。

薩馬拉和阿塔兩人都生於一九七四年，彼此差了幾個月。他們來自拉法難民營，世上最擁擠的地方之一。這裡擁擠到當時的以軍都已經不太敢進去了。兩人從小就是虔誠的穆斯林，從還很年輕時就在附近的清真寺每天被灌輸對以色列的仇恨。兩人十七歲時開始進入哈瑪斯的軍事部隊，擔任敏感設施的守衛。他們很快贏得了上級的信任，並開始接受恐怖攻擊的訓練。他們在一九九〇年代闖出名堂，發動了好幾次開槍攻擊。在一九九四年的一次攻擊中，他們射殺了一位來自以軍納哈爾旅（Nahal Brigade）的上尉，蓋·歐瓦迪亞（Guy Ovadia）。在那之後，他們又在奇蘇菲（Kissufim）檢查哨——從以色列進入加薩走廊的主要入口，發動另一次攻擊，殺死一名十七歲、前景看好的以色列空軍飛行員。

辛貝特成功追蹤到了兩宗攻擊的始作俑者，但他們很快就失去蹤影，彷彿從世界的邊緣掉下去一樣。薩馬拉和阿塔兩人遵循哈瑪斯的「通緝犯準則」，常常交換安全屋與身分，並避免與家人朋友來往。他們上街一定偽裝成別人，同時也很少和其他哈瑪斯恐怖攻擊相關人員請求協助。他們只相信自己。

一九九五年，兩人的生涯似乎就要結束了。他們被巴勒斯坦的維安部隊，以涉嫌謀殺巴勒斯坦當局在加薩的一位維安軍官的罪名逮捕。這是發生在阿拉法特（Yasser Arafat）返回加薩、他的維安部隊企圖強化控制的時候。但接著薩馬拉和阿塔就獲釋了，這是巴勒斯坦常見的「旋轉門」現象之一，常常造成恐怖分子被捕、拘留，然後卻又放走。薩馬拉獲釋後，便加入巴勒斯坦當局的維安部隊，但幾個月後又想念起自己的青梅竹馬，然後拋下自己的制服返回哈瑪斯。為了證明自己的忠誠度，他又殺了一位巴勒斯坦當局的維安軍官。他們再次被巴勒斯坦當局抓到，這次被判無期徒刑。可是二〇〇〇年的第二次巴勒斯坦大暴動一爆發，他們又和其他高風險受刑人一起獲釋，以便加入與以色列的武裝衝突。

辛貝特一得知兩人獲釋，便又開始獵捕他們。十年過去了，薩馬拉升上了哈瑪斯南方師師長，負責拉法旅，旅長正是他的老友雷德・阿塔。辛貝特好幾次成功找到了兩人的藏身處，但每次都被他們逃走。

多年來，薩馬拉與阿塔參與過幾十次對以色列發動恐怖攻擊的規劃與執行工作，包括數次利用從邊界底下進入以色列的隧道所發動的行動。二〇〇二年，阿塔協助規劃了一次攻擊，目標是以色列一處位於刻倫沙隆（Kerem Shalom）邊境檢查站附近的軍方哨站，並造成四名以軍士兵的陣亡。二〇〇四年，阿塔的部下在另一座哨站底下挖了隧道，然後裝滿了爆裂物後引爆，造成六名士兵陣亡。二〇〇六年夏天，兩人都參與了哈瑪斯恐怖分子的滲透行動，經跨國界隧道進入以色列，並綁架了士兵吉拉德．沙里特（Gilad Shalit）。沙里特被哈瑪斯拘留了五年，並在二〇一一年終於以超過一千名有維安疑慮的巴勒斯坦人獲釋的代價交換了他。

除了挖隧道之外，阿塔還負責建立努喀巴（Nukhba，阿拉伯文「獲選之人」），是哈瑪斯的一支精英部隊，受訓以步行與摩托車在隧道中作戰與行動。在「保護邊陲行動」於二〇一四年夏天開始時，阿塔親自監督將十三名哈瑪斯恐怖分子由恐怖攻擊隧道滲透進以色列的行動。後來他的旅還有一支部隊參與了攻擊拉法的行動，哈瑪斯還在行動中劫走一位以軍軍官的遺體。

在刺殺薩馬拉與阿塔後，哈瑪斯內部似乎又形成了權力真空。但這不會持續太久。行動結束幾週後，以軍公佈穆罕默德．戴夫其實又一次躲過了刺殺。顯然當天晚上投下去的炸彈有幾枚沒有引爆，戴夫雖然受了傷，但還活著。這場獵殺只能持續下去了。

以色列自建國以來已過了近七十年，在這段期間，它已成了第一個精通精確殺敵的國家，並將這門技術整合到正規軍事準則與行動中。這是以色列二十年來成功在戰場上運用的戰術，其發展的故事結合了尖端科技、高品質情報與以色列最優秀、最聰明的人才。

根據聯合國二〇一〇年的報告，「精確殺敵」指的是國家有計畫地使用致命武力，以便消滅不在其拘禁中之特定個人的行為。這種武力行為包括許多種方式，從無人機空襲、巡弋飛彈攻擊到特種部隊行動都有可能（註一）。

精確殺敵不是以色列發明的。這種東西早在聖經時代、羅馬帝國統治以色列領土時就存在，到鄂圖曼帝國時代與後來建立當時稱為巴勒斯坦的猶太人墾殖區時一直都有。像哈加拿、埃澤爾（Etzel）、勒希（Lechi）等猶太地下民兵組織都會對敵人使用精確殺敵戰術。

以色列建國後，這個國家仍會發動精確殺敵與刺殺行動。以色列在一九五〇年代殺了兩位埃及情報官，因為他們協助費達因（Fedayeen）民兵對以色列的城鎮和社區發動了一系列攻擊。以色列還在一九六〇年代寄過郵包炸彈給替埃及開發飛彈的德國科學家。一九七二年，在十一名以色列運動員於慕尼黑奧運期間被殺後，總理梅爾（Golda Meir）便核准刺殺任何發現有參與此次行動的人士。慕尼黑事件的報復行動本應是以色列最後一次正式出於報復而殺人，在那之後政策就變了：以色列只會為了避免即將發生的攻擊而殺人。

一位前辛貝特局長是這樣評論這個新政策的：「這不是以牙還牙，而是在敵人把我們當晚餐之前，先把對方當午餐吃掉。（註二）」

一九八八年，曾多次對以色列發動攻擊的巴勒斯坦恐怖分子阿布·吉哈德（Abu Jihad），在突尼西亞被一支精銳的以色列暗殺小組擊斃。一九九二年，一架以色列空軍的攻擊直昇機在黎巴嫩南部用一枚地獄火飛彈（Hellfire）殺死了真主黨領袖阿巴斯·穆薩威（Abbas Musawi）。這兩個人都是高階恐怖組織領袖，先前早已多次攻擊以色列，之後還打算發動更多攻擊。

在一九九三年以色列與巴勒斯坦當局簽訂奧斯陸協議（Oslo Accords）後，雙方都試著給和平一個機會，因此精確殺敵行動大幅減少。但這樣的殺人行為沒有停止。一九九五年，伊斯蘭聖戰運動恐怖組織（Islamic Jihad）領袖法提·沙卡奇（Fathi Shaqaqi），在馬爾他的大街上遭到槍殺。一年後，哈瑪斯頂尖炸彈工匠葉亞·阿亞什（Yahya Ayyash），外號「工程師」，一枚裝滿炸藥的手機在他的頭部旁邊爆炸而身亡。但在這些成功案例之外，也有一些失敗的例子，其中最知名的應該是一九九七年摩薩德探員在約旦企圖將毒藥噴入哈瑪斯領袖哈立德・馬沙爾（Khaled Mashal）的耳朵時被捕的事。

這些行動幾乎都被外界認定是以色列做的，但以色列不願承認。這種戰術的想法，是只以精挑細選的少數恐怖分子為目標，並透過讓其他人知道以色列有能力「犯我以色列者，雖遠必誅」，而嚇阻更多恐怖分子。

但到了二〇〇〇年下半年，一切都變了。第二次巴勒斯坦大暴動爆發，以色列發現自己正面對前所未有的恐攻威脅，背後還有阿拉法特的巴勒斯坦當局支持。以色列對抗的是有完善武裝的巴勒斯坦部隊，能將自殺炸彈攻擊提升到擁有像工廠生產線一樣的頻率與效率。

在一次攻擊中，以軍的臥底人員射殺了一名坦齊姆恐怖分子（Tanzim），地點就在他位於傑寧（Jenin）的住處旁。幾週後，又有另一個恐怖分子因手機爆炸而喪生。巴勒斯坦恐怖分子的領袖明白了，以色列正恢復慕尼黑事件剛結束時的政策。這樣的懷疑在二〇〇〇年十一月得到了證實，當時以色列在伯利恆（Bethlehem）附近，發動了第一次公開承認的精確殺敵。以色列一架阿帕契攻擊直昇機對一輛汽車發射雷射導引飛彈，殺死了高階坦齊姆領袖胡笙・阿巴亞特（Hussein Abayat）。幾個月後，第十七部隊（Force 17）——隸屬阿拉法特的巴勒斯坦突擊隊——的軍官瑪蘇德・伊雅德（Masoud Iyad），又在另一次直昇機攻擊中喪生。以色列宣稱他正企圖在加薩走廊建立真主黨的分支。

派出攻擊直昇機的行為，尤其是在約旦河西岸，代表著以色列大幅升高情勢。只要是用飛機執行刺殺，以色列都會公開承認。

正當辛貝特與以軍狙殺的人數越來越多，以色列境內的自殺攻擊也跟著提升。這次和第一次巴勒斯坦大暴動不一樣，當時死亡的巴勒斯坦人與以色列人的比例大約是二十五比一，這次卻一升變成了三比一（註三）。

到了二〇〇一年年中，巴勒斯坦已成功發動了數十次自殺攻擊，目標包括公

一名來自以軍精銳偵察單位的士兵正在約旦河西岸執勤。（IDF）

車、忙碌的咖啡店與擁擠的夜總會。暴動沒有平息的跡象，以色列政府高層面對越來越強大的壓力，必須採取更具攻擊性的行動。他們一定要想辦法阻止這波恐怖攻勢。

但他們沒辦法抓到每一個恐怖分子，尤其是在加薩深處行動的人。因此以軍的將領們認為，應該簡化精確殺敵的行動——直達敵軍高層，殺死恐怖分子領袖。他們沒有時間可以浪費了，因此很快列出法律上的指引與大略的戰術標準。這樣的準備很快就得到了社會的全面支持，有一份報紙民調顯示，二〇〇一年七月，有九成的以色列人支持這樣的戰術。

有一位以軍參謀長隨身帶著一本記事本，上面寫滿了幾百個通緝犯的名字，有時名單甚至會超過一千人。攻擊的目標就來自這份名單，其中每個恐怖組織——哈瑪斯、伊斯蘭聖戰運動、坦齊姆——都有各自的代表顏色。目標受到攻擊後，名字就會打叉劃掉。

但到了二〇〇二年七月，這樣的支持開始減弱了。薩拉．謝哈德（Salah Shehadeh），哈瑪斯軍事組織的幹部，是以色列最高通緝名單的榜首。他是哈瑪斯及其意識型態和行動背後主要的驅動力之一。他直接參與針對以色列的致命恐怖攻擊的計劃與執行，但因為他人在加薩，還常常更換地方居住，以色列幾乎不可能執行活捉行動。

以色列政府批准了一次空襲，於是七月二十二日當天，一架F－16戰鬥機對謝哈德在加薩停留的房子投下一枚重達一噸的炸彈。除了謝哈德和一名助理之外，還有十三名平民——包括女性與孩童——喪生。

國際的抗議聲浪馬上爆發，指控以色列殺死的平民人數不合比例，違反國際法。以色列的一個人權團體向最高法院提起訴狀，政府在壓力下也決定建立特別委員會調查這次攻擊的正當性。

雖然最高法院在二〇〇六年一次關鍵性的判決中，確認了精確殺敵的合法性，但以軍仍然明白，軍方絕不能再繼續像以前那樣，把一枚一噸重的炸彈或是地獄火飛彈直接打出去，消滅藏身於平民之中的恐怖分子了。軍方需要更為精確的武器，還要建立嚴格、清楚的戰術程序，將連帶傷害減到最少。

當時開發出來的一種飛彈，彈頭只有少量的兩百克炸藥，威力足以在不傷害到旁人的前提下，把高樓大廈的一間公寓炸掉，或是炸毀一輛在繁忙道路上移動的汽車或機車。

情報收集方式也作了改良，決定是否要發動攻擊的程序受到更為嚴謹的控管。在此同時，無人機的使用也大量增加，因為精確殺敵很少能在沒有無人機先調查目標的狀況下進行。

可是光有武器和情報還是不夠。以軍仍然很難接觸到停留在平民基礎建設內的恐怖分子，包括醫院、清真寺，甚至是一般民宅。精確殺敵的關鍵之一，就在於攻擊的結果是否會與殺死一個人所需使用的火力不成比例。換句話說，如果有一個恐怖分子躲在一間醫院裡，轟炸整間醫院顯然就與殺死一個恐怖分子的價值不成比例。但如果他是躲在只有一、兩個平民的民宅內，決定就會有所不同了。

為了試著處理這樣的挑戰，以軍於二〇〇九年一月臨機應變，在戰場上開發出一種新戰術，名為「敲屋頂」（knocking on the roof）。這時以軍發動鑄鉛行動才剛過了幾天，這是自以色列三年半前片面撤出加薩後，第一次針對哈瑪斯發動的軍事行動。在前一年仔細收集的情報指出，這裡有許多民宅被用來掩藏軍火庫。可是以軍也知道，就算民宅已被改建成合法軍事目標，他們也不能就這樣炸下去。因此在行動之前，以軍和辛貝特收集了這些民宅的電話號碼，以便在轟炸前打電話警告居民。這套系統前五十四次都十分成功，但在第五十五次卻出了差錯。

那一天，電話接通後，屋內的住戶爬到了民宅屋頂上，就這樣站在那邊對著上空盤旋的以軍無人機揮手。在以軍總部，眾人激辯著到底該怎麼辦，最後決定取消空襲。

第二天，以軍又打電話給另一處民宅，結果又發生了同樣的情況。當天在場的一位以軍軍官回憶道：「我們知道我方已經失去戰術優勢了。」

這形成了嚴重的兩難。如果不轟炸民宅，窩藏在地下室裡的火箭彈隔天就能用來攻擊以色列。可是從另一方面來講，民宅內有女性和孩童，以色列可不能就這樣炸下去。

就在此時，南方司令部的幾位軍官想到了一個新的主意：打電話過去，等居民爬上屋頂，然後再叫附近的攻擊直昇機瞄準屋頂的角落，發射一枚小型飛彈。他們想使用的飛彈彈頭很小，彈片的散布範圍也很集中，因此只要正確射擊，就不會傷到任何人。

在前幾次這種新戰術運用時，有一次以軍按照標準程序，把一棟三層樓建築裡每一戶的電話都打過了。根據以色列的情報，這棟建築物裡藏有一座大型哈瑪斯的軍火庫。以軍軍官打著電話、說著阿拉伯文，請居民趕快離開建築，轟炸馬上就要開始了。但居民不為所動，他們爬到屋頂上，對著自己看不見、但知道一定在上空盤旋的無人機揮手。他們要表達的訊息很簡單：他們不想離開。

附近的一架攻擊直昇機接獲授權，對附近的一片空地射了一輪機槍彈。屋頂上有些居民明白了，馬上逃離建築，但有些年輕人知道這樣做會導致他們的家園被毀，因此仍不願配合。

他們還是留在屋頂上。

這時直昇機飛行員得到了授權，對屋頂的一角發射飛彈。飛彈擊中時，還留在屋頂上的人都以為以色列根本不管他們還在現場，就想直接摧毀房子了。他們全都逃走了，留下一間空房子給空軍轟炸。在一段這次攻擊的影片中可以看到，這棟建築倒塌時造成一系列的誘爆，是來自藏在下面的大型軍械庫。以色列所做的，正正是在巴勒斯坦的屋頂上敲門。

隨著這種戰術運用的範圍擴大，以軍造成的平民傷亡也不斷降低。二〇〇二年的平民與戰鬥人員死亡比是一比一，也就是以色列每殺死一位戰鬥人員，就會連帶殺死一名巴勒斯坦平民。到了二〇〇九年，這個比例已下降到三十比一。

這樣的下降有一部分是因為以軍獨特的戰術，但在空襲中登場的數種精密武器與精靈炸彈也功不可沒。在鑄鉛行動中，以軍在加薩走廊投放了超過五千枚炸彈與飛彈，其中超過百分之八十一是精靈炸彈，是現代戰爭中前所未有的比例。相較之下，在二〇〇三年伊拉克戰爭開始時，聯軍使用的精靈炸彈只佔全數的百分之六十八，而在一九九九年的科索沃戰爭中，更是只有百分之三十五（註四）。

隨著平民死傷的減少，以色列政府更信賴以軍的作戰能力。因成功攻擊恐怖分子、將平民死傷減到最低的成果所賜，國際社會對以色列施加的壓力也隨之減輕了。

美國的九一一事件是精確殺敵戰術的轉捩點。美國發現自己的敵人與傳統軍隊不同，是打扮成平民、躲在老弱婦孺之間行動的武裝人員。美軍開始派高階代表團來到以色列，尤其是想找南方司令部，以便學習以色列在加薩走廊獵殺恐怖分子的經驗。他們有興趣的不只是以軍所使用的戰術，還有他們到底是怎麼把線民、辛貝特探員、高科技監視裝備、軍事情報分析師與空軍收集來的零散情報連接起來。

小布希政府決定在阿富汗與伊拉克採用精確殺敵戰術，歐巴馬總統於二〇〇九年上任後，也進一步將這樣的方式運用到數量超越以往的眾多恐怖組織與國家上。二〇一六年，美軍還公開表示他們對伊拉克的伊斯蘭國目標所發動的空襲中使用了「敲屋頂」戰術。

精確殺敵戰術最早於以色列登場，在反恐戰爭的時代也成了全球標準。

為什麼會是以色列呢？這個小國是怎麼替全世界立下反恐作戰的標準？

我們相信這個問題的答案，可以在特拉維夫兩端兩棟不起眼的大樓內找到。其中一邊是辛貝特總部，這裡擁有全以色列最精銳的外勤探員；另一邊是軍事情報局「阿曼」總部，所有未經分析的情報都會流入此處，由年輕的以軍官兵加以分析處理。這兩棟建築物就是以色列的創新戰術與高科技武器結合一群天賦異稟的情報探員與分析師的地方。

以地位來講，辛貝特的「拉卡茲」（Rakaz）課程相當於以色列空軍的飛行學校。有幾千名二十五到三十歲的以色列公民會爭奪這個一年只有一班的課程名額。能進入課程的只有少數人，能完成訓練結訓的就更少。

他們的課程始於辛貝特的語言學校烏潘（Ulpan）。在以色列建國之初，辛貝特的作業員通常都是生在阿拉伯語系國家，然後再在多次移民潮中來到以色列的人員。可是在過去二十年間，有許多不會說阿拉伯文的候選人來到烏潘的大門前，然後在四十二週的課程後學成流利的阿拉伯語離開。他們能與企業家、政治人物與農民對話，也能以阿拉伯文在網路上發文，還能熟記整本可蘭經，並熟知希布倫當地獨特、與傑寧和加薩都不一樣的巴勒斯坦文化。

拉卡茲從烏潘語言學校畢業後，被送往辛貝特情報學校接受為期十個月的訓練。拉卡茲訓練生會在此時丟下過去的身分，成為以色列隱密反恐行動的一員。訓練生會在同一天得到一個代號，這個代號會跟著他——他會用這個名字招募線民，直到他離開辛貝特為止。他同時也會分配到負責的區域。

這些拉卡茲新人將學會把伊斯蘭教當作敵人的宗教與文化加以尊重。他會真心與別人握手，還學會在與消息來源講電話時，除了聽對方講的情報之外，還要聽這個來源的心情、語調和背景傳來的噪音。拉卡茲必須知道線民的一切，包括他兒子是不是數學被當、他太太的生日是哪一天，以及隔壁社區當地這個禮拜在謠傳什麼流言。

有才幹的拉卡茲還會與自己負責地區的居民混熟，以便深入了解此地多元的人文、社經、政治與社會組成。他會了解各個哈姆拉（Hamula，阿拉伯文的氏族）成員、當地有哪些非政府組織、富裕居民居住的街道概略、昨天有誰結婚，以及有誰的父親病逝、他即將繼承一大筆遺產等等。

拉卡茲還訓練成要保持懷疑。如果一名拉卡茲看到一個穿著罩袍的女性在街上和自己擦身而過，他就一定要多看一眼，確保對方不是以色列獵捕多年的恐怖分子；當希布倫市的沭哈達街（Shuhada Street）的商店因罷工而關門時，他必須確認是否有人正準備在當地發動恐怖攻擊；當幾個在奈卜勒斯附近、巴拉塔難民營（Balata）的居民出外買罐頭食品時，他必須思考這些人是不是在窩藏通緝犯或被綁架的以色列士兵。每個辛貝特的探員都必須照一句格言過活：「所見並非一切。」

拉卡茲的生活是持續與敵人鬥智的過程。拉卡茲透過私人關係與互信基礎取得情報。世世代代的拉卡茲受到的教育都是這樣。但拉卡茲的工作一點都不簡單。他應該與線民建立親密的關係，還是應該疏遠他以保留對方對自己的敬意？拉卡茲可以為了取得情報而置線民於險境嗎？如果有一個恐怖組織分支的首領懷疑手下是以色列間諜，叫他開槍射擊以色列士兵以證明忠誠，那他該怎麼辦？

辛貝特的前局長雅可夫．裴利（Yaakov Peri）生涯的第一件工作就是在約旦河西岸當拉卡茲。他說他的工作就是「一門討好巴勒斯坦人的藝術」，讓他們與以色列合作，背叛他們的家人朋友。他解釋道，辛貝特最好的消息來源都不是用甜頭——金錢、給在以色列的家人醫療照護、去海外旅行等——換來的，而是單純被拉卡茲的個人魅力所吸引。

拉卡茲的工作並非一成不變。過去的恐怖組織分支有著明確的架構。一個分支頭目會帶著一個副手，還有下面的一般行動人員。可是現在一個恐怖組織分支可以從海外的總部接受指令，而行動單位卻是一群彼此根本不認識的約旦河西岸巴勒斯坦人。舉例來說，辛貝特在二〇一五年曾發現約旦河西岸有恐怖組織，其上級來自加薩、卡達甚至是土耳其。

每位成員都在沒有見到其他成員的情況下，被視為執行恐怖攻擊的其中一環。第一個成員負責買車，然後把車停在另一個成員租的建築物旁。第三個成員在車上裝了炸彈；第四個負責將車開到目標，最後第五個打電話引爆炸彈。

在以色列二〇一四年於加薩走廊發動的反哈瑪斯行動，也就是「保護邊陲行動」期間，拉卡茲曾陪著以軍納沙爾旅，一起入侵加薩北部的拜特哈農鎮（Beit Hanoun）。步兵部隊的軍官對於拉卡茲淵博的知識感到十分驚訝：他們熟知每一條街的名字和這裡住了些什麼人，而且連最小的細節都沒漏掉，包括一名高階的哈瑪斯人士的廚房地板下藏了什麼東西。他們還沒踏進加薩，就已經知道這麼多了。

如此的熟悉度與知識不僅是透過線民得知，也包括研究加薩的地形。有一種方法，是以空軍使用的一套模擬器進行訓練。這套模擬器讓飛行員可以在實際參加任務前，就在與未來目標相同的地形上先執行虛擬轟炸任務。

以前在約旦河西岸與加薩走廊，最主要的威脅是槍擊、丟石頭、土製燃燒瓶，以及偶爾會找到負責組裝水管炸彈與路邊炸彈的爆裂物工廠。但近年來，辛貝特的拉卡茲還必須專心處理恐怖隧道；開發、製造、從伊朗走私飛彈的行動，以及哈瑪斯可能正在使用無人機的問題。一名拉卡茲可能現正與巴勒斯坦的生意人聊加薩的稅金和麻煩的進出口程序問題，但過了幾分鐘後，他一轉頭可能就正在和隧道工人聊天，以便了解最近剛走私進加薩的那枚火箭彈有多大、是哪種型號。

這份工作是一種心理作戰，必須持續試著搶先敵人一步。

——

在特拉維夫的另一端有另一間不起眼的辦公室，這裡是「阿曼」軍事情報局研究處的總部。這裡就是所有情報流入的地方。這個部門的工作就是過濾全國眾多探子——間諜、衛星、無人機、媒體與更多來源，收集來的大量資料加以分析，然後預測接下來的發展。伊朗會違反二〇一五年與以美國為首的西方強權所簽訂的核能協議嗎？馬哈穆德・阿巴斯會同意無條件更新與以色列的和談嗎？阿布杜拉國王（King Abdullah）在約旦的統治有多穩定？

研究處的目的，就是要提供軍方與政府高層最準確的猜測，以便回答上述這些問題。這樣的工作相當困難，而且有許多變數。

二〇一四年八月中，有一群分析師一起召開了一場重要會議。自以色列發動「保護邊陲行動」以來，已過了四十天。以色列需要想辦法縮短行動、結束交戰。交戰最後會再持續一週，成為以色列自一九四八年以來時間持續最久的戰爭。這些情報官進入會議室之前，還得把手機留在外面一個特製的棕色箱子裡。伊朗、真主黨和哈瑪斯都在竭盡所能偷聽以色列的情報。就連停用的手機都能成為竊聽裝置。

士兵將他們坐下的這房間取了個外號，叫「沙齊」（Shatzi），取自他們部分人的姓名縮寫。這個房間只有擁有最高機密等級的官員才能進入，還得用電子鍵盤輸入密碼才能穿過一道厚重的鋼鐵大門。這裡時時有監視攝影機監控。房間裡的一面牆上，掛著一面真主黨的旗子，是獻給一位最近剛退休的軍官。這面旗子持續提醒著眾人他們對抗的敵人。在另一道以另一組密碼開啟的門內，有一間小小的作戰室。這裡有電視螢幕、電腦與加密電話線，可以馬上聯絡到其他相關的以軍與辛貝特的單位。這裡全天候都有人員在場監視螢幕、分析影像，並指示偵察無人機操作員在尋找目標時要注意哪些特徵。這份工作重覆性很高，也很枯燥，但如果做得好，可能獲得十分驚人的成果。

沙齊團隊是軍事情報界的一支精銳部隊。舉例來說，當以色列在加薩行動時，團隊成員就會準備擊殺名單，並持續獵捕這些以色列想殺死的人物。為了做到這一點，沙齊團隊會盡可能了解目標的一切，包括其行程、住在哪裡、會去哪裡，甚至包括睡覺時旁邊有誰。這些資訊會持續更新，這樣當攻擊命令下來時，他們就會知道要去哪裡找到目標。

回到二〇一四年八月的那場會議，這些情報官提出了許多建議，想辦法傷害哈瑪斯並使其停止發動火箭攻擊。討論過程中，有一個需求很快便浮上檯面：以色列必須想辦法殺死高階的哈瑪斯人員。軍方知道其中許多人的所在地，但問題是他們都躲在醫院、清真寺這種地方，或是身邊總是圍滿了平民。這些可能的連帶傷害——尤其是對平民造成的傷害——使大多數可能的攻擊根本不可能列入考慮。

散會時，眾人討論出了全新的明確指示：時時收集高價值目標的情報，並擴展可能的攻擊選項。同時，分析師也必須作好準備會收到內閣傳來的擊殺令。這種針對高階哈瑪斯成員的擊殺令隨時都可能下達。

就這樣過了幾天，沙齊室一直忙個不停。這天是星期五，S中尉——軍方規定不允許我們公開情報官的全名——在連續十一個週末值班後，不情願地休了他早就該休的假。幾個小時後，他的「山地玫瑰」（Mountain Rose）[2]——大型的軍規加密摩托羅拉手機——響了。他的上級在電話中說：「准了。我們要動手除掉郭爾。」

就在不多久之前，國安團隊通過了針對哈瑪斯金主穆罕默德・郭爾（Mohammed al-Ghoul）的精確殺敵行動。這個人出了幾百萬美元，供哈瑪斯的軍事組織和跨境恐怖隧道使用。他腦子裡的情報比他帶著到處跑的美金和以色列幣（Shekel）還要值錢。他知道開羅、安曼等地可以信任的金錢交易商姓名與銀行帳號，也知道埃及邊境現在還能用來把錢運進加薩的走

以色列2008年釋出的照片，顯示加薩走廊的一處哈瑪斯軍事訓練營。（IDF）

私通道在哪。

在沙齊室內，電腦螢幕正顯示著郭爾家上空盤旋的無人機回傳的即時畫面。他跟妻子與三個孩子一起躲在裡面，但最新的情報顯示他的家人已經去了他的姻親家裡探親了，只留下郭爾一個人在家。這就是以色列在等待的時刻。有一輛車停到了路邊，郭爾的太太和小孩上了車。一分鐘內，郭爾也離開了房子上車，開始開車外出。上空的無人機確認他身邊沒有其他人。

以色列空軍當時在附近實施的轟炸迴聲，並沒有讓郭爾在離家時感到膽戰心驚。沙齊室的軍官已分析了他可能選擇的路線，並找出幾處理想的攻擊地點。他們的目標是要挑一個可以殺死郭爾、同時不殺死別人的地方。在這個過程中，國防部長與參謀總長都曾來電要求戰情更新。這時，行動的指揮權已轉交給值班的高階空軍軍官。只有他能下達最後的攻擊命令。

無人機跟了郭爾一段時間。他停在另一間民宅旁，並拿出似乎是一大袋現金，交給了一群哈瑪斯成員。空軍司令雖然已有攻擊許可，但他還是想再等等。他想要發動一場完全無瑕

2 編註：以色列情報軍官使用的手機型號，在二〇〇四年開始使用，共購入一萬支。

的空襲，不能波及任何平民。當飛彈發射時，大家全都屏息以待。爆炸炸開了郭爾的銀色轎車，他當場死亡。車內的美金鈔票被炸到空中，散落在街上各處。

S中尉是在空軍以新兵幹部的身分開始他的軍旅生涯。他爬上越來越高的軍階，並獲派成為少尉。他的個性與領導能力相當與眾不同；他的名字漸漸開始出現在空軍高層的面前，成為他們尋找有創意、聰明的軍官以負責情報單位職務時的選擇。空軍的情報單位會研究空襲的選項、建立目標資料庫，還會發明創新的方法攻擊以色列的通緝犯。

經過三年的訓練——包括最嚴格的保防與人格測驗後，S獲派加入一支情報部隊，負責追蹤加薩走廊的高階恐怖分子。他很有情報工作的天份，能將破碎的情報拼湊在一起，然後準確地預測目標在試著與以色列鬥智的過程中會採取什麼樣的行動。幾個月後，他便成了兩個研究團隊的指揮官。這時年僅二十幾歲的S便與一群同事一起開發出一套獨特的研究工具，可以用於軍事情報工作。

S認為以軍士兵在很年輕時就當上像他這樣的重要職務，是以色列情報單位相對於世界其他國家的關鍵性優勢。他說：「我們比較有想帶來改變的欲望。我們總是在討論應該怎麼改革，同時想出新的方法與想法，重新改寫規則。這就是關鍵性的優勢。」

在以色列，像S這樣的年輕情報分析師就能直接接觸到軍方與政府高層。他們必須在職務上成長，並時時保持最敏銳的思考。最大的不同在於，S和其他團隊成員的戰場並沒有隔著一座海洋。

「我的工作也是為了我自己。為了保護我的家人、朋友與國家，」他說，「我每天都會看到自己工作的成果，如果今天看不到，下一場戰爭也會看到。」

S只是以軍眾多必須作出關乎人命抉擇的情報分析師之一。他會追蹤被通緝的恐怖分子，並監視著看起來很正常、但下面卻疑似有哈瑪斯或真主黨火箭彈與軍火庫的公寓大樓。如果他的目標行動了，他就會收到來自作戰室的更新情報。如果他監視的建築物當中有一棟開始翻修，他就會標記起來。他會記下所有事件，並以懷疑的眼光看待一切。

S和他的同事都會收到目標的每日行程，也會知道他們是要去找情婦還是找母親，是去附近的超市還是自助洗衣店。這些分析師有權啟動警報，召來軍方高層，而原因可能只是因為他們發現有什麼事情與往常不同。其他西方國家的軍隊不會給予這麼年輕的軍官這麼重大的責任，但在以色列卻有好幾百個這樣的軍官。

多年下來，以色列的精確殺敵裝備已擴展到了這個國家所有的前線與「利益區域」。他們面臨相當艱鉅的挑戰，每天的目標都會改變。中東地區進入歷史性的動盪時代後，邊界也會跟著改變。這尤其在敘利亞就特別麻煩。直到二〇一一年內戰爆發為止，以色列的情報在這邊都只需要追蹤一個有明顯階級制度的國家與軍隊。可是到了二〇一六年，敘利亞卻有真主黨的武裝人員、伊朗的革命衛隊、基地組織的分支與數千名伊斯蘭國的武裝人員在這個國家跑來跑去。有時一座城市受到阿薩德的政府軍控制，幾英里外的另一座卻是伊斯蘭國的勢力範圍。

而世界各國也不是就這樣站在一旁替以色列的精確殺敵行動起立鼓掌而已。在像聯合國等許多國際組織裡，以色列常常會被控犯下戰爭罪、反人類罪與違反國際法，其原因就在於以色列使用精確殺敵。一波長期持續的訴訟中，已經逼迫以色列不得不訂定明確的法律監督機制，控制其使用的手法與對象。

隨著國家與傳統軍隊在以色列四周與更廣大的中東地區分崩離析，攻擊對手重要據點所必須採取的措施也變得極為複雜。像哈瑪斯、真主黨或伊斯蘭國這樣的恐怖組織並沒有明確的兵力來源。它們通常沒有領土，更別說有明確界線的基地了。但他們有領袖，也就是那些死了以後，有時可能會對組織接下來的運作造成嚴重打擊的指揮官與武裝人員。而確保這點的工作，常常就會落到在沙齊室軍官的頭上。

第七章　電腦病毒攻擊

在伊朗首都德黑蘭南方約兩百英里處，有著一座小小的古城納坦茲（Natanz）。這裡素以涼爽的氣候、高級的小農水果、陶磚造建築和附近的幾座神秘的蘇非教派（Sufi）廟宇聞名。

二〇〇二年八月十四日，這座小鎮登上了世界各大報紙的頭版。伊朗的反對派組織伊朗國家抵抗運動委員會（National Council of Resistance of Iran, NCRI）在華盛頓特區威拉德飯店辦了一場記者會，並指出納坦茲附近有一座地下碉堡式的濃縮鈾設施。

這則新聞十分驚人。全世界都知道伊朗在布什爾（Bushehr）蓋了一座核子反應爐——由德國團隊動工、俄國團隊完工——但德黑蘭一直宣稱這個計畫是供和平用途。關於秘密設施的傳聞已經傳了好幾年，但一直都沒有人找到這座設施在哪裡。反正要在伊朗廣大的沙漠中找到這樣的地方，對各國而言也實在是不可能。

但就在華府潮濕的這一天，NCRI不但指出了納坦茲設施的存在，還有有關阿拉克（Arak）的重水反應爐只要幾年後，就能生產出武器級的鈽。

但重點還是在納坦茲。這裡不是普通的設施，而是有強力防護、蓋在地底下的堡壘。每座大堂都蓋在七十英尺深的地下，還有厚重的混凝土與各層鋼鐵保護，避免空對地飛彈貫穿到內部。普通的空襲將無法對這座設施造成有效損傷。伊朗顯然有從以色列先前在一九八一年對伊拉克核子反應爐發動的攻擊中學到教訓。

分析師馬上懷疑NCRI當天公開的情報是由摩薩德提供，但其實消息來源是誰並不重要。重點是伊朗被逮到正在建造記錄上沒有的核能設施。世界各國再也不能裝作不知道伊朗發生的事情了。他們正在打造核武。

以色列利用此事，向全世界強調伊朗的威脅。這樣的施壓成功了，造成聯合國的核能監控機關國際原子能總署（International Atomic Energy Agency, IAEA）最終獲准前往納坦茲視察。IAEA稽查人員確認了當地裝有先進的離心機，是依照伊朗從巴基斯坦取得的藍圖規格建造的。

波斯灣各國擔心伊朗的核計畫與地域性野心，因此一直努力確保這件事不會被世界各國忘掉。以色列也參與了其中，不斷重覆強調他們會考慮採取所有措施，包括軍事介入。伊朗革命衛隊對這樣的威脅認真看待，並在設施四周加強了防禦，加裝了防空砲與地對空飛彈。

納坦茲設施的目的十分明確。這裡有兩座地下大堂，每處面積都超過九千平方公尺，能容納數萬台離心機。這種大型鋼鐵機器可以用來生產濃縮鈾。如果伊朗想要製造核武，那就必須在這裡生產濃縮過的鈾。

二〇〇九年，納坦茲發生了怪事。離心機開始故障。今天可能是大堂這邊的某幾台，明天又換成另一邊的另外幾台故障。故障的機器之間似乎沒有任何關聯，而且控制這麼多離心機的電腦還顯示一切正常。整件事情真是太詭異了。

事情的發展還需要一點時間，但在二〇一〇年十一月，IAEA確認伊朗已將納坦茲設施停止運作。幾天後，伊朗總統內賈德（Mahmoud Ahmadinejad）輕描淡寫地說明損害的程度，但同時也承認伊朗的敵人對數處核子設施的多台電腦造成了程度有限的傷害。他還宣稱，問題的源頭已經找到，並加以處理完畢。

但他是在騙人。納坦茲的近九千台離心機當中，有超過一千台必須報廢。有人找到了方法，不開一槍就毀了伊朗超過百分之十的離心機。

問題是：這個人是怎麼做到的？

——

答案就是「奧林匹克行動」（Operation Olympic Games），據報是二〇〇六年以色列與美國發動的一場秘密軍事行動。但這個奧林匹克和體育一點關係也沒有，而是一套高度機密的機密行動，用來開發擊潰伊朗核子計畫的電腦武器（註一）。

對這兩個國家而言，這個概念都很新，而且沒人知道成功率有多少。即使如此，這個想法還是很有吸引力。電腦武器不會留下痕跡、無法追蹤，最重要的是不需要派戰鬥機從以色列或美國飛到伊朗去轟炸。但從另一方面來看，這樣的攻擊也得與飛彈轟炸一樣的威力才行。

以色列與美國的這次合作，正好發生在以美國防關係最緊密的時期。以色列這時仍對第二次黎巴嫩戰爭的結果恐懼不已，而美國正在想辦法讓耶路撒冷對伊朗感到放心。如果聯合開發一款電腦武器，就能拖延以色列考慮發動空襲的話，那麼從白宮的觀點來看，這就有嘗試的價值。

這款武器挑上的目標就是納坦茲，更精確地說是控制其中離心機的西門子工業級電腦系統。

這款電腦蠕蟲，後來命名為「震網」，其攻擊的目標是控制離心機轉速的裝置。離心機將鈾轉動分離以便純化，因此會有轉速控制系統。「震網」的程式碼會改變變頻器的頻率，先提高到超過一千四百赫，然後再降到兩赫——也就是先加速，再幾乎停止，然後才固定在略高於一千赫的頻率。

簡單來說，「震網」的攻擊方式就是讓伊朗離心機的馬達一下加速、一下減速，使其最終故障。

伊朗一開始很難相信納坦茲的問題是電腦病毒造成的，因為設施的電腦並沒有連上網路。但隨著時間過去，他們只剩下一個比較現實的推測，就是設施內的電腦是被臥底探員感染的，可能是用隨身碟。

這樣的攻擊若要成功，光是把電腦蠕蟲接上納坦茲的電腦是不夠的。攻擊者還必須熟知伊朗電腦系統的確切配置，一路了解到每一條配線，這樣電腦蠕蟲才知道能如何從一套系統跳到下一套系統去。以色列和美國必須取得這方面的精確設計圖才行。

接下來，他們還要找到一台可以感染的電腦，用來當作進入納坦茲網路的跳板。據稱中情局將這個工作交給了以色列，他們據報派了間諜深入伊朗的核子設施（註二）。

這樣的技巧在過去也成功過。二〇〇八年，一名美軍士兵發現了幾張記憶卡散落在中東地區一處軍事基地附近的地上。這些記憶卡都已感染了電腦蠕蟲，這次行動背後的外國情報機關則是希望士兵直覺地將記憶卡插進電腦，以便看看裡面有什麼東西。這次攻擊的結果相當可怕，造成美軍中央司令部的電腦系統遭到蠕蟲攻擊，花了十四個月才清理完畢（註三）。

據報導，「震網」是由以色列與美國兩地的團隊聯合開發而成。在以色列，八二〇〇部隊（Unit 8200）[1]——相當於美國的國安局——負責指揮開發工作，還有摩薩德的協助（註四）。在美國，領銜的開發者是國安局（NSA）。八二〇〇部隊與國安局有多年的合作經驗。

德國資訊科技專家蘭納（Ralph Langner）是在「震網」程式碼穿透到伊朗以外後，最早分析其程式碼的第三方專家之一。他看著一萬五千行的程式碼目瞪口呆。依他的分析，這支蠕蟲成功讓伊朗的核計畫進度晚了兩年（註五）。

他說：「從軍事的角度來看，這可是一大成功。」蘭納與其他專家發現這種病毒在伊朗的電腦裡待了好幾年，並成功擴散到了十幾個國家。有大約十萬台電腦被發現感染，其中有八萬台在伊朗。

但內賈德口中的「破壞行動」還不只是這樣。「震網」不只是一種病毒而已。這是一種宰制了新秩序的武器，並且已改變了現代的戰爭。

攻擊發生之後，電腦專家很快認為以色列就是蠕蟲攻擊的元凶。阻止伊朗的核計畫對以色列最有利，而以色列也是最反對其核計畫的國家。而且程式碼裡也有一些線索：有一個數字顯然代表著一名伊朗籍猶太人慈善家被暗殺的日期，還有出現「Myrtus」這個字，可能是指古波斯的猶太皇后以斯帖（Esther），她的英勇事蹟在以色列以普珥節（Purim）來紀念（註六）。

1 編註：公開文獻稱為情報總隊中央收集單位（Central Collection Unit of the Intelligence Corps），或稱為以色列電子情報中央單位（Israeli SIGINT National Unit, ISNU）。

雖然以色列從未承認或否認參與此事，但卻還是有一個相當明顯的線索。二〇一一年，參謀總長榮退，軍方依傳統替他辦了一場告別派對。以色列的高層全都在場，包括總理、總統、國防部長，當然還有軍方的高層。在活動期間，主辦單位做了一部影片，回顧總長的軍旅生涯。影片中有他在一九八二年參加第一次黎巴嫩戰爭時的紀錄，還有許多他在加薩走廊與約旦河西岸指揮行動的事情。影片接近尾聲時，有另一段與以色列有關的作戰影片從畫面上一閃而過，那就是「震網」。

——

從表面上來看，以色列和伊朗交惡其實很奇怪。這兩個國家不但沒有共同邊界，還是中東地區僅有的兩個非阿拉伯語系國家，甚至在以色列於一九四八年建國後不久，兩國還正式建立了外交關係。而這一切都在一九七九年的革命中變調了。兩國從最親密的好友——當時一度謠傳以色列打算賣先進彈道飛彈給伊朗——變成了死敵。

一開始雙方的衝突點主要是針對伊朗支持反以色列的恐怖組織，包括黎巴嫩的真主黨、哈瑪斯和加薩走廊的伊斯蘭聖戰運動。到了一九九〇年代晚期，以色列的情報單位已提出無法反駁的證據：伊朗正全速朝向取得核武前進。

伊朗的核計畫早在幾十年前便已於美國協助下開始。在革命剛過的那段時期，伊朗停止了所有核計畫行動，但很快就發現自己手上握有不得了的潛力：核能可以讓伊朗成為世界超級強權。

二〇〇二年，以色列升高了對抗伊朗核計畫的行動層級。夏隆總理在這一年指派了高階將領梅爾・達甘（Meir Dagan）擔任摩薩德局長，主管以色列這個神秘的國際情報機關。

達甘在以軍服役多年，素以勇敢軍人與創新戰術家的形象聞名在外。他的勇敢事蹟人人皆知：他曾因從敵軍士兵手中抓下一枚手榴彈而得到英勇勳章。

一九七〇年，時任南方司令部司令的夏隆曾挑選達甘去指揮一個名叫里蒙偵搜部隊（Sayeret Rimon）的特種部隊。這支部隊的士兵會偽裝成巴勒斯坦人滲入加薩走廊，然後獵殺巴解組織的恐怖分子。

達甘擔任摩薩德局長期間的作風，可以由他裝飾辦公室的方式看出來。這間樸素的房間牆上有一張大鬍子猶太老人的黑白照片，他身上圍著猶太教祈禱時用的披肩，跪在兩個納粹士兵面前。兩個士兵一人拿著棍子，另一人則拿著一把步槍。

「看看這張照片，」達甘會對訪客這樣說，「這個跪在納粹面前的人是我祖父，這張照片拍完沒多久他就被殺了。我每天都會看著這張照片，並承諾猶太人大屠殺絕對不會再次發生。」

摩薩德的工作據報有了不錯的成果。伊朗的科學家開始人間蒸發。有些人叛逃到西方國家，有些則是在德黑蘭的大街上，被蒙面的槍手射殺。

舉例來說，在二〇〇七年一月，伊朗資深科學家亞德什爾・荷塞普（Ardeshir Hosseinpour）被人發現死在伊斯法罕（Isfahan）轉換廠的辦公室內，當地是伊朗核計畫的重要設施。據稱他是被毒氣毒死的；二〇一〇年一月，伊朗另一位關鍵核能科學家馬素德・阿里・穆罕馬迪（Masoud Ali Mohammadi），也被一輛在他位於德黑蘭住處門外的爆炸機車炸死；幾個月後的十一月，德黑蘭又有一枚炸彈爆炸，炸死了另一位頂尖核能科學家馬吉德・沙里阿里（Majid Shahriari）。

暗殺並不是打擊伊朗核計畫的唯一工具。這段期間也有無數破壞行動的報告傳出。舉例來說，在二〇〇七年，用於管制納坦茲設施電壓的電氣零件突然神秘地爆炸，摧毀了幾十具離心機。除此以外，以色列的情報機構還在世界各地招募了許多公司，故意將有瑕疵的硬體賣給伊朗核子計畫與飛彈計畫使用。

雖然摩薩德成功拖慢了伊朗的腳步，但伊朗還是不放棄。他們從福利政策、醫療機構和大學挪用了經費。他們的科學家身邊都有隨扈保護，並且不准出國。所有的保全措施都加強了。

到了二〇〇〇年代中期，以色列情報機構已達成結論，認為伊朗已備妥所需的科技，可以製造核武了。現在該國只需要下定決心動手就行了。如果以色列不想出辦法——而且要趕快——阻止，那就只能動用最後手段，發動軍事攻擊了。而這麼做所引發的戰爭，被認為是災難性的。

「震網」不是世界上第一次電腦網路攻擊，但其效果卻加深了世界各國最深的恐懼。在這之前，對網站發動的攻擊通常都只能造成很有限的傷害。舉例來說，二〇〇七年的愛沙尼亞曾遇過一次攻擊，造成銀行、政府機關與當地媒體暫時失效。可是「震網」所帶來的威脅更為龐大。它能讓全國鐵路停擺，或是關掉一整座城市的公用電網。時任俄羅斯駐北約大使的迪米崔・羅戈欽（Dmitry Rogozin）曾評論道，認為「震網」有能力「引發另一次車諾比事件」。

伊朗決定反擊，在發現「震網」後不到一年，他們建立了自己的電腦作戰部隊，斥資超過十億美元，建立強大的網路攻防能力。

伊朗的電腦專家發現，「震網」只是冰山一角，之後可能還會有更精密、威力更大的同類型攻擊發生。二〇一二年，伊朗也確實發現了另一隻病毒「火焰」（Flame），據報是以色列與美國共同開發，設計成能找出電腦連線的結構，並從受感染的電腦裡偷走資料（註七）。

為了回應這樣的態勢，伊朗取得了新的工具，以便在「暗網」（Dark Net）——網際網路比較見不得光的那一面裡運作，那裡有許多危險人物與電子罪犯出沒。據報伊朗還與黎巴嫩的代理人真主黨分享知識與科技，如果有一天與以色列發生戰爭，這將是左右局面的重大管道。

同年，美國的情報單位公開表示，伊朗的網路作戰能力「在深度與複雜度上」都有顯著提升。伊朗在「震網」攻擊後的兩年內強化了自己的網路攻擊能力，期間攻擊了一間沙烏地阿拉伯國營石油公司、一家卡達的天然氣公司，以及美國的數家銀行（註八）。

納坦雅胡總理對這方面日漸升高的威脅十分憂心，便請他的軍事顧問前來開一場特別會議，思考以色列下一步該怎麼做。雖然以色列已建立優異的防禦措施，但納坦雅胡還是擔心伊朗持續成長的網路作戰能力，仍能突破這些防線。他的軍事顧問建議他去找自己過去在空軍的同事易茲查克・班伊斯雷爾教授（Yitzchak Ben-Israel）談談[2]。他在國家安全、科技以及特別是在網路作戰等領域，都是世界知名的專家。

會議安排在幾天後進行，班伊斯雷爾從納坦雅胡這邊得到的感想是，以色列時間不多，必須採取行動防止、抵禦伊朗可能發動的攻擊。來自前蘇聯集團的駭客，正將其網路作戰武器準備高價出售可不是什麼好消息。以色列此時正面臨危機。

班伊斯雷爾可說是以色列成功故事的代表。他出生於一九四九年的特拉維夫，建國前雙

2 編註：二〇一九年二月，台北國際書展期間，班伊斯雷爾曾以以色列航太局局長的身分，獲邀在以色列主題館針對「軍情分析的盲點」發表演說。前一年八月，行政院一等相關負責資安工作的官員亦在前往特拉維夫出訪期間，與班伊斯雷爾交流、聆聽簡報。

親都曾與猶太地下組織「勒希」併肩作戰。他年輕時就學會了一件事，以色列不能把國家安全視為理所當然。

班伊斯雷爾高中畢業後，以學術人員的身分入伍。他攻讀物理與數學，很快就打出一片創新思考的名聲，同時也在空軍許多重要行動與情報事務中擔任要角。班伊斯雷爾於一九七二年因替F－4幽靈式戰鬥機（Phantom II）開發新型轟炸系統、大幅提升攻擊能力，而獲頒崇高的以色列國防獎。一年過後，他在以色列空軍損失超過一百架戰機、史上最黑暗的贖罪日戰爭期間，依然待在空軍高層的身旁。他參與了戰後協助以色列空軍重整組織的一個關鍵工程與技術人員團隊，將空軍轉往科技優勢的方向發展。

一九九二年冬天，班伊斯雷爾碰巧在柏林與德軍開會。會議期間，他的德國同事開始討論網際網路與其軍事應用潛力。班伊斯雷爾聽不懂他們在說什麼，德軍軍官建議以電子郵件寄一些論文給他。這位資深以色列軍官還是聽不懂。直到當年稍晚，原本是美軍開發計畫的網際網路才擴散到民用市場，繼而進入以色列。

班伊斯雷爾一回到特拉維夫，就深入研讀美國作家與未來學家艾文・托佛勒（Alvin Toffler）的著作，他知名的著作包括《未來衝擊》（*Future Shoke*）《第三波》（*The Third*

Wave）和《革命財富》（*Revolutionary Wealth*）等書。班伊斯雷爾對於托佛勒所勾勒的網際網路時代十分著迷。他腦中不斷想著網際網路對以軍與戰爭的未來有什麼樣的意義。

到了一九九五年，班伊斯雷爾認為時機成熟，以軍可以建立一支電腦作戰單位了。當時甚至還沒有「cyber」（網路的、電腦的）這個詞。他去找了參謀總長，對方出乎意料地同意了他的想法，並分配了大量的預算給他，至少在空軍聽到風聲之前都還是如此。空軍軍官抗議說投資這種科技的時機還太早，因為他們希望空軍能繼續當全以色列最高科技的部隊。

雖然遇到阻力，班伊斯雷爾還是找到了「阿曼」的一位年輕上校來當他的盟友，名叫品查斯．布克里斯（Pinchas Buchris）。布克里斯是精銳部隊參謀本部偵察部隊出身、功勳無數的軍官與指揮官，在軍事圈內素以參加過多次行動聞名，包括一九七六年前往烏干達的恩特貝（Entebbe）解救法航劫機事件的人質。該次行動是以色列最大膽的行動，也讓全世界明白以色列的作戰能力無遠弗屆。

後來布克里斯接手指揮八二〇〇部隊，還當上國防部的局長。當時的他還只是個年輕上校，卻決定要在「阿曼」裡建立一個小單位，負責電腦作戰的發展。班伊斯雷爾與布克里斯都同意，這個單位應該專門研究以電腦為基礎的攻擊與防禦作戰。當時沒幾個人聽得懂這是什麼意思，但過了沒多久，各種想法——例如用電腦攻擊敵人——開始浮現了。

一九九八年，班伊斯雷爾榮升少將，成為國防部研發局局長。他的職責相當多元。從一方面看，研發局必須搭配、協助軍方持續的行動，但同時他們也必須預測未來的發展，發明以色列未來贏得戰爭所需要的武器。網路作戰很快就成了班伊斯雷爾的重點之一。

二〇〇〇年，班伊斯雷爾寫了一封信給總理巴拉克，警告說以色列正面臨電腦攻擊的危險。他在信中告訴巴拉克，說如果敵軍發現以軍電腦內關於正在開發的裝備等想法，整個國家都可能停擺。潛在的損害十分嚴重。

巴拉克當時忙著與阿拉法特談和，同時阻止巴勒斯坦暴動，因此對班伊斯雷爾的警告相當重視。他指示國安會檢視以色列的水、電、瓦斯等重要設施有沒有任何弱點。這個過程花了一點時間，兩年後政府正式建立了一個新單位，叫國家資訊安全管理局（National Information Security Authority）——希伯來文叫 Re'em——負責保護全國的基礎設施。

班伊斯雷爾在二〇一一年見到納坦雅胡後並得到了許可，開始建立幾個工作小組，思考以色列準備未來戰爭的方式，而這場戰爭一定會包括網路攻擊。他找來了不同領域的八十位專家，包括學術界、高階官員等，然後再分成不同的委員會，各自列出自己的一份建議清單，分別以經濟、高科技產業、軍方甚至是以色列的大學等為主題。布克里斯獲選為第八個秘密委員會的委員長，負責國防相關的部分。幾個月內，班伊斯雷爾就交了一份長達兩百五十頁、附有一長串建議的報告給總理。

即使是在當時，大家也都已很清楚，網路的世界很擁擠，有許多單位——摩薩德、「阿曼」和辛貝特——都已經在沒有任何協調的狀況下進行網路活動了。各部會之間一定要建立一套共通的語言才行。針對這一點，班伊斯雷爾建議建立國家電腦網路局，直屬於總理辦公室之下，成為負責協調各單位、能快速解決威脅與問題的單一中央機關。許多委員會的委員也建議加強以色列各個大學對於網路的研究，將更多政府資金投入私人產業，建立新的網路研究中心。到了二〇一六年，以色列已有五個這樣的中心。當中的一個，特拉維夫大學的布拉瓦尼跨領域網路研究中心（Blavatnik Interdisciplinary Cyber Research Center）就是由班伊斯雷爾本人所主持。

由布克里斯指揮的秘密委員會建議，應該在八二〇〇部隊內部建立一個軍方的網路作戰指揮部。八二〇〇部隊是以軍最大的單位，負責收集、處理信號情報——幾乎任何以電話或網路傳送的情報都在收集範圍之內。

八二〇〇部隊這個招牌，代表著以色列過去二十年間驚人的高科技發展。許多從這裡退伍的官兵，後來出去建立了以色列最成功的幾家科技公司，使這個單位成了以軍內部人氣最高的單位之一。若能在這個單位服役，就能擁有最先進的科技技能，還有對企業家精神與創新精神的敏銳度的培養。

這個單位的官兵會與以色列持續增加的電子產業公司合作，常常還會在內部開發新的科技。他們的工作用說的很簡單，但做起來卻很難：他們要聽整個阿拉伯世界的對話、攔截電子郵件、追蹤當前正在發生的事件。

以色列官方對其網路作戰能力保持沉默，但顯然這個國家現在已成了資安界的世界領頭羊，每年出口價值超過六十億美元的網路產品，幾乎能與以色列每年的武器相關出口額相提並論。以色列只有八百萬人口，卻拿下了全球網路市場百分之十的佔有率，其中光是「阿曼」建立的高科技公司就有幾百家。這點讓該國在這個領域的成功與美國、中國和俄國等大國齊名（註九）。

以色列是怎麼達成這樣的資安成就的呢？根據班伊斯雷爾的說法，該國成為網路強權的歷史，要從以色列於一九四八年建國時，大衛．本古里安做的三個決定說起。

我們在第一章中已經討論過，本古里安認為以色列顯然不可以只靠數量擊敗阿拉伯世界的敵國。如果這個國家要生存下去，就需要達成三個目標：首先，以色列必須建立一支「國民軍隊」，並且不論男女都要接受比例人數前所未見的徵兵制度。這就是為什麼以色列建國後，以軍成了一支隨時都擁有全國約百分之五人口的軍隊。在西方國家，從軍的人口比例大約落在百分之零點二到零點四之間[3]。

本古里安的第二個決定，就是確保軍方能強調新兵的素質，而不是只有人數。他強力推動讓軍人接受教育，使軍中充滿聰明、有創意的官兵，知道該怎麼讓猶太人的教育與學術傳統，透過來自歐洲與北非的一波波移民進入這個新生的國家。

「重點不是在血統，而是文化，」班伊斯雷爾在我們於特拉維夫大學見面時說道，並指出諾貝爾獎得主有兩成是猶太人，包括許多以色列人。

3 譯註：國軍現役人數約十八萬八千人，約佔臺灣人口的百分之零點八。

本古里安的第三個決定，就是要在軍中推廣科技的重要性。於是當國防軍正式成立時，它是當時唯一在傳統的步兵、海軍、空軍以外還有一個科學軍的軍隊。

但這產生了一個問題：如果官兵十八歲就要徵召入伍，軍隊要去哪裡找工程師、數學家和物理學家呢？於是以軍建立了學術儲備役（Atuda）制度，讓以色列的年輕人有一條特殊的學術之路可走。這些官兵會先上大學念書，然後再當六年的兵，比一般人多當三年。這個任務不簡單，但以色列年輕人二話不說，全盤接受。

學術儲備役在軍中被視為具有高品質人力資源的精銳幹部。他們被稱作以軍的「夢幻小子」，他們會在軍中的各個技術單位服役，負責開發、操作軍中最先進的系統。有些官兵甚至簽下去當了不只六年的兵，到二十八或三十歲才完成兵役，並帶著豐富的經歷離開。很多人後來都回到了大學當學者，但大多數都投入以色列蓬勃發展的科技產業。

一九七三年贖罪日戰爭後，學術儲備役計畫的重要程度又再提升了。法國在一九六七年六日戰爭後實施的禁運措施仍然有效，以色列的飛機、戰車和其他武器系統開始出現缺乏料件的狀況。這樣的巨大真空使以色列發現必須擴充國內的國防企業，就算只是為了打平收支也必須如此。

接下來的三十年間，以色列的軍事產業從只有幾百名員工成長到超過四萬人。但這讓這個國家付出了相當的代價。各大公司的穩定成長，造成歷任政府都必須花錢填補其每年的虧損。這些公司都很努力開發、生產最先進的科技與武器系統，但由於害怕喪失科技優勢，他們不願意將產品出口給外國的軍隊。

以色列雖然知道潛在的國安風險，但還是決定慢慢開放國防產業進軍世界。到了一九九〇年代中期，以色列每年的國防出口額超過了十億美元，在隨後的十年內更是達到四十億美元之譜。這個過程進展得很慢，也必須承受計算過的風險。但以色列仍走在成為軍事超級強權之路上。

雅尼夫．哈雷爾（Yaniv Harel）是學術儲備役的「夢幻小子」之一，他直到二〇一五年都還是在國防部網路司擔任司長。哈雷爾出身於猶太人大屠殺倖存者的家庭，是家中的老么，在以色列北部城市海法的郊區長大。他在一九九二年加入學術儲備役，並在鐵尼翁攻讀

電機工程。在快畢業時，他申請加入「阿曼」的一個機密情報單位。他的優秀成績讓他成功錄取，很快成為一位無懼於打破不同情報機關間官僚隔閡的非傳統工程師。對哈雷爾而言，合作關係能給人力量，但這樣的想法與情報界的傳統文化大相逕庭，這裡大多數的指揮官都喜歡把機敏資料留在自己手裡。哈雷爾因其手下管理的一個機密專案而獲頒以色列國防獎。

哈雷爾服役十五年後，在二〇〇七年退伍回到學校念書，前往特拉維夫大學攻讀戰略管理博士學位。此舉讓他百感交集，因為他知道將無法回到自己以軍官身分爬到當前地位的那個單位了。

哈雷爾拿到學位後，放棄了「阿曼」的高階職務，轉投國防部，成為國防部研發局網路處處長。他發現，這時軍方內部針對這個網路作戰單位，正在激辯其該要有多大的規模。其中一派認為應該多派幾百名官兵加入八二〇〇部隊開發新系統與武器，但哈雷爾不同意。他主張讓這個單位對民間市場開放，並與以色列那些有著驚人科技成就的公司建立更緊密的關係。

「我們不需要更多人來疊床架屋，」哈雷爾對其他軍官說，「我們只需要與民間企業建立更好的關係就行了。」

哈雷爾這樣的建議非常前衛。以色列的網路作戰能力是高度機密，直到當時為止都只由像八二〇〇部隊這樣的單位在內部進行開發。

但哈雷爾知道全球的網路發展已經起步，即將快速起飛。如果以軍不加快腳步擴充開發與生產能力，就會落於敵國之後。在哈雷爾上任的第一年，就帶頭在軍方與以色列新創公司間建立了十五個合作伙伴關係。到離開前的二〇一四年，他手上已有八十個類似的專案。

哈雷爾將以色列成功躍身網路強權一事，歸功於這個國家願意接受失敗的文化。「有些文化會讓一個人在一次失敗後完全遭到抹殺，這會造成一個人的思考較為僵硬，因為他擔心採取行動會威脅到自己的地位，」哈雷爾從他位於易安信公司（EMC）的總部辦公室告訴我們，他擔任該公司網路解決方案團隊的組長，「大部分以色列人都願意承擔風險，不擔心失敗。」

哈雷爾認為以色列的另一個優勢可以在以軍中見到，那就是鼓勵年輕軍官舉手在重要討論中發言，並公開反對上級的意見。這樣的文化是為了避免重要資訊一直掌握在一個人手裡，而這個人又怕這些資訊會衝擊部隊裡的上下關係，而不願對外表達。

哈雷爾的辦公室有一面牆，上面掛著萊特兄弟站在他們其中一架最早期的飛機邊拍攝的照片。對哈雷爾而言，這張照片是一種象徵，代表的不是過去，而是未來。當萊特兄弟第一次飛行時，他們並不知道自己替一種新的戰爭型態開了一道門，而這種新的戰爭型態會造成空軍、匿蹤戰機與攻擊無人機的誕生。如今通往網路空間的門已經打開了，只是沒有人知道路上會遇到什麼東西。

——

有一次傳奇性的行動，可以對人們展現這種新型態的戰爭。對這次行動的討論至今仍是暗中進行著，行動中包括了諜報、網路戰、電子戰與核武的混合參與（註十）。

第一則提到有相關事件發生的報導，是來自敘利亞官方的阿拉伯敘利亞通訊社（SANA），於二〇〇七年九月六日曝光。該通訊社宣稱敘利亞防空部隊在前一天晚上發現了以色列空軍企圖滲透的機隊，並對戰鬥機發射飛彈後造成飛行員逃離。報導宣稱戰機將飛彈丟在沙漠上，沒有擊中任何目標。

雖然這是大新聞，但以色列已不是第一次派出戰鬥機攻擊敘利亞了。二〇〇三年，有四架F－16戰鬥機從阿薩德總統位於拉塔基亞（Latakia）的夏宮上空高速飛過，剛好選在他前去當地度假的時候。此舉是為了報復真主黨火箭彈攻擊殺死一名以色列男童的事件。以色列想羞辱阿薩德，並告訴他應該好好管束在黎巴嫩的恐怖行動代理人。戰機飛得非常低，幾乎震破了宮殿的部分窗戶。幾個月後，以色列空軍又轟炸了敘利亞的伊斯蘭聖戰訓練基地，以回應造成十九人死亡的一起自殺炸彈攻擊。後來在二〇〇六年，以色列戰鬥機又去拉塔基亞衝場了一次，提醒阿薩德，他讓哈瑪斯高層前往大馬士革避難是要付出代價的。

可是這次以色列一句話也沒說。媒體請他們發表意見，他們都沒有回答。幾天後，美國國務院承認他們從第三方報告得知了這件事，但卻否認知道更多內情。真有其事的第一個證據，是來自土耳其的《自由報》（*Hürriyet*），其報導刊出了一張照片，拍到了兩枚出現在土耳其與敘利亞邊界的副油箱，就在戰鬥機明顯的飛行路線下方。幾天又過去了，開始有報導聲稱這次空襲的目標，是敘利亞在該國北部幼發拉底河沿岸建造的核子反應爐。

類似的新聞相當驚人。全世界都知道阿薩德政權支持真主黨，並且手上握有大量化武，可是沒有人想過他竟敢打造非法核武。在檯面下，國際原子能總署開始對敘利亞施壓，要他們讓稽查人員前往當地視察。可是阿薩德不願意，他說那裡就只有一座空倉庫而已。

據報這次攻擊是由十架F－15戰鬥機執行。他們起飛後過了好幾分鐘，才接獲最終的攻擊命令，其中七架戰機脫離編隊，加速進入敘利亞領空。幾秒後，他們就已將第一批炸彈投在一處雷達站。又過了兩分鐘後，這些戰機飛到核子反應爐上空，投下每枚重約半噸的AGM－65對地飛彈[4]。

等飛行員開始離開敵國領空時，敘利亞軍才發現自己受到了攻擊，開始盲目對空發射防空飛彈。這時這些戰機早就不見了。

當天晚上飛進敘利亞的飛行員，是在幾小時前才第一次得知有關目標的資訊。他們在這之前曾受訓執行對敘利亞的轟炸任務，但一直都不知道目標是什麼。如果這是真的，這就會是以色列史上第二次摧毀核子反應爐，只是這次和一九八一年轟炸奧西瑞克不一樣，參加的飛行員不能對外透露，連家人朋友也不行。

在這次轟炸反應爐的行動中，有一件事情不為外人所知的是，據報以色列用上了一種創新的電子戰網路攻擊措施。他們先干擾敘利亞的防空系統，顯示天空中沒有飛機，然後突然又讓雷達顯示有好幾百架（註十二）。

這樣的科技非常劃時代。世人知道什麼是網路攻擊，也知道什麼是電子戰，但此前還沒看過兩者在戰術上一起使用的案例。

看來以色列已經發展出一種在美國叫作「速特」（Suter）的系統，是一種能騙過雷達系統的科技，讓雷達看到不存在的東西。在這件事的幾年前，五角大廈就曾開發過類似的東西，但一般並不認為以色列有這樣的能力。以色列到底是怎麼取得這種科技至今依然是謎，但似乎是在以色列內部由他們的工程師開發而來的（註十二）。

但最後這其實並不重要。就在世界上大多數人都專心在談核子反應爐被炸這件事時，這天晚上發生的攻擊是一個分水嶺，標記著以色列第一次在戰場上使用網路戰科技。

當阿薩德在二〇〇〇年夏天接過父親的位子成為敘利亞總統時，西方國家本來曾抱持期待，希望這個在英國受教育的眼科醫生能對世界開放他們的國家，同時發動大規模的改革，

4 譯註：AGM－65小牛飛彈總重最多只有三百公斤左右。

甚至或許還可以和以色列簽署和平協議。結果阿薩德卻有別的計畫。他強化了自己與真主黨和伊朗的關係，還和北韓建立了戰略合作關係。

二〇〇四年，美國國安會發現北韓與敘利亞之間的電話往來越來越多。在敘利亞，有許多通話似乎都是從敘利亞沙漠裡、幼發拉底河沿岸一個叫德朱爾（Dir a-Zur）的城鎮附近某處打出。據報國安會把這些情報傳給了以色列的對口單位，也就是八二〇〇部隊，後者找了一群分析師，想弄懂在以色列的北邊到底發生了什麼事。

一開始，敘利亞與北韓合作發展核計劃的想法似乎不太可能。建造反應爐一定會留下一堆線索，以色列一定會發現。當時的假設是這兩個國家的關係是圍繞著彈道飛彈在轉。兩國都有強大的彈道飛彈戰力，很可能打算進一步強化各自在這方面的能力。當時大家都覺得阿薩德不太可能企圖讓敘利亞擁核的想法復活，這是他父親曾經想過、卻在一九九〇年代被否決的想法。當時他的父親沒有把握機會向叛逃的巴基斯坦科學家阿布杜．卡迪爾．汗（Abdul Qadeer Khan）購買核能科技。

在二〇〇六年下半年，據稱摩薩德派了幾位探員前往倫敦和英國的海外情報單位軍情六處（MI6）洽談這件事，試著破解敘利亞與北韓的同盟（註十三）。

當摩薩德探員來到倫敦時，他們驚訝地發現，根據德國《鏡報》（*Der Spiegel*）的報導，有一名敘利亞高階官員剛好也同時造訪倫敦，並入住了肯辛頓（Kensington）的一處高級飯店。這位敘利亞官員常常帶著一個裝有筆記型電腦的包包在倫敦到處跑，卻有一次在離開飯店去開會時，把電腦留在了房間內。摩薩德的團隊據悉獲准闖入，然後駭入電腦竊取情報。這次行動只花了幾秒鐘時間：探員闖進房間，安裝木馬程式之後就離開了。

幾分鐘內，木馬程式就開始從敘利亞筆電裡將資料傳回特拉維夫附近的摩薩德總部。這顆硬碟是個情報寶庫，裡面有敘利亞興建中的核子反應爐建造藍圖與照片。其中一張照片上有兩個五十餘歲的男性，一個是亞裔，穿著藍色運動服，另一個是阿拉伯裔。這兩個人分別是北韓資深核子科學家Chon Chibu和敘利亞原子能委員會委員長依不拉欽・奧斯曼（Ibrahim Othman）。這張照片說明了一切。以色列對於北韓在敘利亞進行中事項的假設全都錯了（註十四）。

但現在以色列還得找到那個地點才行。這個工作由「阿曼」的視覺情資單位九九〇〇部隊負責，他們的工作就是處理全國衛星拍下來的所有目視情報。這些分析師沒過多久就找到了一個可疑的地點：敘利亞西北部由樹林包圍的幾間低矮建築。選擇這個地點的工程師絞盡腦汁想辦法避免引起注意並騙過偵察衛星。這處疑似反應爐的地點外觀看起來很像敘利亞鄉間常見的拜占庭堡壘，還蓋在山谷裡，只有從高處才看得到。這個地點附近也沒有保全措施，沒有防空系統或防空砲，以免引人起疑。但有一棟建築他們藏不住：任何重水反應爐都需要的抽水站與相關管線，從這個地點往不到一英里外的幼發拉底河延伸過去。

據報，歐麥特總理馬上接獲此事的最新情報。他召集了兩組討論小組。第一組包括國防部長佩雷茨、摩薩德局長達甘、參謀總長阿胥肯納吉中將、阿曼局長，還有以色列空軍司令。第二個小組則有三位前任總理：裴瑞斯、納坦雅胡與巴拉克（註十五）。

國安小組擬定了三種不同的攻擊方案。第一是由少量戰機發動低調空襲，讓以色列多少有空間否認是自己做的；第二是大張旗鼓地轟炸，完全以武力展示為主，這麼做的目的就是要公開羞辱阿薩德；第三個選項可能是風險最高的，派以色列特種部隊進入敘利亞，裝設炸彈並爆破摧毀反應爐（註十六）。

歐麥特和佩雷茨下令要求軍方三個方案都作準備，但其實一開始大家就已經有共識，以不留痕跡、安靜處理為優先考慮的選項（註十七）。

他們的時間有限。以軍的情報分析師警告，攻擊一定要在反應爐啟動前發動，否則若是對運作中的反應爐發動攻擊，將會造成放射性物質流入幼發拉底河，可能會傷害到敘利亞與土耳其的平民。

即使有了在倫敦收集到的照片與藍圖，以色列的情報機關仍盡力取得更多情報。他們想要確保萬無一失。二〇〇七年三月，據悉他們又找到了一次機會。敘利亞的核能首長奧斯曼前去維也納參加國際原子能總署的會議。摩薩德的探員闖進他家、在他的電腦上裝了木馬程式，然後全身而退。他們拿到的情報又一次證明此事已沒有懷疑的餘地：敘利亞確實正在打造核武（註十八）。

歐麥特決定要阻止敘利亞，但他不想動手攻擊。他想讓美國人動手。同年四月，美國國防部長蓋茲預定出訪以色列，這是近十年來五角大廈首長第一次前來。這正是完美的時機。當蓋茲抵達時，他的幕僚接到通知，說佩雷茨幾個小時後會來到飯店，進行私下、非正式的會談。這樣的要求很奇怪，但以色列的國防部官員很堅持。他們告訴美國人說：「他有很重要的事要告知。」

同時摩薩德局長達甘正在前往華府，準備和美國副總統錢尼（Dick Cheney）和國安幕僚史蒂芬・哈德利（Stephen Hadley）會面。目的是要在差不多相同的時間，將反應爐的相關情報提交給美方。

美方對這件事相當意外，但歐麥特據報還更進一步，請求小布希總統直接發動攻擊。根據了解此次對話內容的美國官員，小布希仔細考慮過，但最後沒有答應以色列的請求。小布希在中東已經同時在打兩場戰爭了，不願意和另一個阿拉伯國家開啟第三個戰場。如果要發動攻擊，就要由以色列來做。

最後對反應爐發動的攻擊，可以說明據了解是以色列正在投入新式戰爭的好例子，結合了諜報、特戰部隊、衛星與網路戰，最後才由空襲達成戰果。

一架以色列空軍的 F-16 於 2014 年於以色列南部的一處基地起飛。（IDF）

這種戰爭的未來仍充滿謎團。電腦空間的戰爭是沒有規則可循的。像「震網」的攻擊或是在外國政府電腦上安裝木馬程式的行為，會像空襲或地面入侵行動一樣構成戰爭行為嗎？「震網」拖慢了伊朗的核子計畫，但德黑蘭當局從來沒有報復過；敘利亞的核子反應爐被毀了，但他們卻是靜悄悄的。

如果有人對以色列發動網路攻擊，這個國家會有什麼反應？他們會回應嗎？還是會像伊朗和敘利亞一樣悶不吭聲？

這些問題到現在依然沒有答案。但很清楚的一點是，未來的戰爭會和過去截然不同。像以色列等國軍隊現在就已經有專門的單位，供這些以鍵盤為武器、按幾個按鍵就可能打敗一個國家的「網路戰士」服役了。不論以色列做了什麼，全世界都會看在眼裡。

第八章　軍火外交

一架沒有標示的波音七〇七客機從本古里安機場起飛，一個小時後降落在以色列南方的度假小鎮埃拉特（Eilat）。這時已是深夜，而對走在海邊步道上的觀光客而言，飛機並不是什麼罕見的東西。落地一個小時後，飛機再度起飛，這次往東前進。十個小時後，飛機又降落在印度的加爾各答，花了幾個小時在地面上加油，然後再次起飛。這次飛機的目的地是中國南方一個省的首府廣州。有一群會講德文的中國領航員在這裡上了飛機，帶著飛機飛最後的第四段航程，前往中國首都外圍一處戒備森嚴的軍事基地。

在北京降落後，這些「老外」——這是當地對這群人的稱呼——終於獲准下機，並被帶到附近一座過去曾是比利時駐北京大使館的院子。他們被當地人告知，絕對不可以離開這個院子的範圍。

這些「老外」彼此幾乎不發一言，他們假定院子的每個房間都裝有竊聽器，他們的對話都會被錄下來。如果有重要的事情要討論，他們會到室外，在寒冷且污染嚴重的中國夜風中交談。

中國人並不算真的知道這二十四個人是誰。他們收到的報告是說這群人是外國商人，和幾個世界知名的國防企業有關係，其中包括以色列的公司。但這只是表面說法，事實上這個代表團團長是知名國營國防公司ＩＡＩ的執行長，他身邊其他人是外交部與國防部的高階代表。

這時是一九七九年二月，以色列國防官員第一次踏上中國的土地。

這次的行程規劃了很久，並且是高度機密。以色列和中共並沒有建交。除了代表團成員、總理、國防部長的少數人之外，沒有人知道這趟行程的存在。以色列政府知道如果走漏風聲，美國人一定會很生氣。但從另一方面來看，美國已經快要公開宣布和中共建交了，如果要冒險前進，現在正是時候。

雙方的利益正好一致。中國正準備在文化大革命結束後大刀闊斧地改革，並將國家對西方世界開放。在伊朗，荷梅尼（Ayatollah Khomeini）才剛從流亡地的法國回國，造成原有政權垮台，意即以色列即將喪失一大軍火出口客戶。中國可以填補這個空缺。

替以色列敲開中國大門的人，是索爾．艾森伯格（Saul Eisenberg），他是一名猶太億萬富翁，在二戰期間和兩萬名猶太人大屠殺難民一起逃到了上海。戰爭結束後，艾森伯格在遠東建立了金融帝國，成為最早在中國、日本與南韓做生意的西方人之一。他利用這樣的關係，讓中國對以色列的武器產生興趣，甚至把自己的私人波音七〇七捐了出來，讓以色列代表團在一九七九年這場第一次前往北京的首航中使用（註一）。

即使如此，中共還是相當憂慮。他們不想突然開放與以色列的來往，刺激了自己長期經營的傳統盟友——蘇聯與阿拉伯集團。以色列和中共都必須小心應對。

艾森伯格從他在亞洲各地替以色列談成的其他生意中，摸熟了以色列的國防產品。在與中共方面多次預先開會後，他便帶著一份購物清單回到以色列，清單上包含了飛彈、雷達、砲彈與裝甲車，他就用這份清單請以色列政府派代表去談。

在以色列，去中國的決定可不容易。比金總理從一開始就知道有這麼一回事，但把購物清單的問題卻丟給了國防部長魏茨曼。魏茨曼是比金指派負責決定以色列的公司什麼可以賣、什麼不能賣的人（註二）。

中國那邊只知道代表團的成員是艾森伯格的朋友，在以色列有不少人脈，能取得他們想要的武器。以色列對於自己要見的人是誰也同樣一頭霧水。

「他們到底是工程師？情報人員？還是軍官？」一位當時的以色列代表團成員回憶道，「他們全都穿著『毛澤東裝』，我們連和自己說話的人到底是誰都不知道。」

代表團待在北京的一個禮拜期間，他們不能和以色列國內作任何聯絡。成員當中一人，母親在他前往中國期間過世了，可是國內完全沒辦法通知他。結果等到回國時，他才在飛機上聽說母親的死訊。

這群「老外」停留在中國期間，給中國人看了各種自己宣稱能從以色列買到的武器型錄。中國人很滿意，但沒有作出任何承諾。後來這樣的拜訪又做了幾次，有幾次還是搭著塗掉藍色大衛之星的以色列空軍軍機前往中國。這時中國人已經知道他們是直接和以色列政府在打交道了。等購物清單確定後，就送到比金和魏茨曼手上審核。

談判的過程充滿了文化衝突。以色列希望能簽下契約，當作整體的架構並為未來的買賣建立模式。他們想在中國賺大錢。問題是中國人不太習慣複雜的契約。舉例來說，在談判的過程中曾經有一次，以色列堅持要在契約中加入不可抗力條款。中國人問：「那是什麼？」以色列解釋，說要是老天爺開了什麼玩笑，造成其中一方實在不可能履約，那這樣的條款就能避免有人變成違約的狀況。中國人一聽，只淡淡地說：「那就不用了，因為我們都不相信什麼老天爺。」

漫長的談判持續了一年，但雙方終於還是就架構一事達成協議。第一批軍售的商品——戰車砲彈——於一九八一年送達中國。

這樣的關係持續了下去，但即使在關係加深後，這些軍售案都仍必須保密到家。中共拒絕前去以色列，但卻同意簽下價值幾億美元的契約，購買只看過幾張照片、頂多偶爾看過影片的武器。他們從來沒有看過真正的生產線。在軍火買賣的世界裡，這種程度的信任可說是前所未有。

一九八五年，這樣的神秘面紗只揭開了一點點。中共有史以來第一次同意發簽證給以色列農業界的九名主管，包括一位來自農業部的官員，以便交流、學習以色列創新的農業技術。同年，以色列在香港重新開設了十年前關閉的領事館（註三）。以色列一直在摧北京當局建立正式關係，但這得等到一九九一年蘇聯解體、馬德里和會召開才能實現。中共在阿拉伯公開和以色列談話後才跟進。

一九九二年，兩國終於正式建交。民間的貿易額從一九九二年的不到一億美元飆升到二十年後的八十億美元，使中國成為以色列在亞洲最大的貿易夥伴。這一切都是一九七九年那次秘密軍售之旅促成的。

——

自以色列建國以來，國防上的外交關係，尤其是軍備銷售關係就扮演著重要的角色，不只是替以色列經濟賺進幾十億美元這麼明顯的原因而已。以色列被阿拉伯世界的敵國包圍，利用其科技上的優勢與軍事專業，與平常迴避了這個猶太人之國的國家——例如俄國、中國、新加坡和印度建立外交關係。

這些國家感到興趣的原因各不相同。有些國家相當欽佩以色列建國與興起的過程，想要複製這樣的成功；有些則面對與以色列類似的威脅，其敵國和以色列邊界上的國家一樣，也是操作蘇聯製的武器，因此想要從以色列在多年衝突與戰爭的經驗中學到一些東西。

雖然這些軍售案確實有助於建立外交關係，就像與中國的案例，但以色列卻也必須付出代價，因為這常常會造成以色列與頭號盟友美國之間的關係緊張。「費爾康」系統（Phalcon）就是一個例子，它在以色列對外軍售來說，可能是最糟的案例中具有最重要地位。「費爾康」是一種空中早期預警指管（AEWC&C）飛機，原本賣給中國的金額預計會達到約二十億美元之譜，成為以色列有史以來規模最大的軍售案。以色列看到的好處不只是在經濟面。中國對以色列的某些敵人具有相當的影響力，耶路撒冷希望這次軍售案在讓以色列成為中國最大的武器供應商後，能左右北京當局的外交觀點。

「費爾康」的銷售談判於一九八〇年代晚期開始，甚至比兩國開始正式建立外交關係都還要早。一九九三年，以色列在北京設立使館的第二年，拉賓成了以色列第一位造訪中國的總理，談判也隨之加溫。中國開放全球投標，以色列正式交出了提案，與俄國和英國競爭。

空中預警系統在現代戰場上有著極為重要的地位，因為它能提供即時情資和雷達偵測，使軍隊得以取得並保持空中優勢。以色列的「費爾康」由國營公司ＩＡＩ以色列航空工業的子公司 Elta 開發製造，是世上最先進的空中預警系統之一，能同時追蹤好幾十個目標。中國打算利用這些飛機監視其海上邊界的動靜，並將軍力投射到亞洲各地。

拉賓回國後，便請國防部通知五角大廈，以色列決定投標中國預警機採購案一事。這樣的要求很正常。以色列與美國在幾年前達成協議，以色列可以賣武器給中國，只要賣的東西裡沒有美國的技術就行。

當以色列向中國提案，要將「費爾康」系統——混合雷達與電子情報系統——裝在一架標準的波音客機上時，中國人卻堅持要用俄製的伊留申（Ilyushin）運輸機。這樣事情就變複雜了。以色列從來沒有和俄國買過軍備，因為俄國正是以色列眾多敵國的主要軍備供應國。俄羅斯也已經在競標案中出局，完全不打算幫助以色列。

但拉賓還是想要把這件事談成。他在一九九五年詢問葉爾辛總統（Boris Yeltsin）關於飛機的事情。他得到的回應很正面，卻沒有接到任何承諾。兩年後，納坦雅胡總理去了莫斯科一趟，終於把這件事談成。為了確保此事與中國有關的部分保持在檯面下，總理身邊的記者聽到的消息都說這架飛機是以色列自己要用的（註四）。

在納坦雅胡回來之後，ＩＡＩ的執行長莫西．科雷特（Moshe Keret）便飛去莫斯科處理技術細節。他想辦法把購機的價格殺價殺到了四千五百萬美元。但真正的問題在於要讓俄國的工程師明白以色列需要的新設計，不然「費爾康」的雷達系統會裝不上去。這點後來證明有點複雜，雖然伊留申公司的母公司在莫斯科有辦公室，可是飛機的組裝廠是在烏茲別克，引擎則是在烏克蘭製造。

以色列向莫斯科購機的協議一談成，馬上就與中國簽下「費爾康」的協議，然後收到了訂金，一切似乎都很正常。

納坦雅胡相信絕對的公開透明，因此在飛機談成之後，就告訴當時的美國總統柯林頓（Bill Clinton）眼前的進度。美國人沒有非常滿意，但也沒提出什麼嚴重的反對。可是就在一九九九年，一切都變了。巴拉克選上了總理，幾個月後那架伊留申降落到了本古里安機場。幾天內，那架有著巨大雷達圓頂的怪飛機就出現在當地報紙的頭版上。這次與中國的交易天下皆知了。

一切都公諸於世之後，中國國防部長遲浩田決定要來一趟以色列，了解事情的發展。這是歷史性的一刻，第一次有中國國防部長來訪。但以色列沒有料到的是，遲浩田在特拉維夫檢閱儀隊的照片居然會造成美國如此光火。

舉例來說，頗具影響力的《紐約時報》專欄作家羅森索（A. M. Rosenthal）就譴責巴拉克政府，說不該讓「軍階最高的天安門事件殺手之一」來以色列拜訪。他還寫說這個猶太人之國連一把手槍都不應該賣給中國，更別說是將有一天可能協助北京當局擊落美國軍機的技術（註五）。

批評的聲浪日漸升高，美國國會也開始注意事態的發展。突然之間，一切都豬羊變色。

二〇〇〇年四月，美國國防部長柯恩（William Cohen）公開譴責這次軍售，並警告此舉將會影響美國在亞洲自由作業的能力。同年六月，美國眾議院通過一份沒有強制力的決議，反對這次的軍售。美國眾議院撥款委員會（House Appropriations Subcommittee on Foreign Operations）主席桑尼・卡拉漢（Sonny

解放軍海軍少將楊駿飛在 2012 年停泊於海法港時，由以色列海軍的艾里・沙維特准將（Eli Sharvit）接待。（IDF）

Callaghan）還建議將美國對以色列的軍事援助預算縮減到兩億五千萬美元，相等於中國支付的訂金金額（註六）。

「紐約的戈德堡太太[1]若是聽到他在太平洋服役的兒子，因為一架猶太空中預警機而被擊落，心裡會作何感想？」五角大廈的官員是這樣責問以色列的對口單位。

科雷特飛去華府，想看看能不能找K街[2]上最好的遊說公司幫他接下「費爾康」的案子。有一家公司說願意試試看，其他則說不可能。科雷特回到以色列時，終於明白這個軍售案是談不成了。現在只剩下公開承認失敗而已。

到了二〇〇〇年年中，巴拉克已完成撤軍，讓以軍離開駐紮十八年的黎巴嫩，同時還正在準備參加大衛營高峰會，就是他後來向阿拉法特提出相當務實的和平協議卻遭到對方拒絕的會議。以色列若要與巴勒斯坦談和，就需要美國的支持，精確來說是升級以軍軍力與撤離墾殖區的經費支援。「費爾康」在這些事面前不得不被犧牲掉。

1 譯註：指的是一九二九年到一九四六年的廣播劇、一九四九年到一九五六年的電視劇並衍生許多作品的《戈德堡一家》（The Goldbergs），故事描述猶太人家庭在紐約的生活。

2 編註：位於華府，聚集了眾多智庫、遊說公司和壓力團體的街道，K街已經相等於遊說公司的代名詞。

「費爾康」軍售案的取消，與後來二〇〇四年以色列被控使用美國科技升級過去賣給中國的無人機所造成的種種危機，使五角大廈十分震怒。他們的回應就是暫停讓以色列參加預計要購買的F－35聯合打擊戰機的開發工作。五角大廈與以色列國防部之間的聯繫也只剩下最基本程度。以色列必須選邊站，在沉重壓力下，政府同意完全、無限期停止出售武器給中國。

「費爾康」事件對以色列而言是一記警鐘。軍售案可能有助於打開新的大門，但如果不小心處理的話，也可能讓別的國家從此對以色列不聞不問，有時甚至不只一個國家。

———

現在以色列手上多了一架飛機，以及因違約而必須支付給北京的沉重違約金。這時IAI都幾乎完成雷達與相關子系統的安裝工作了。他們非常需要找到一個新的買家。

科雷特跑了一趟印度，簽下了一紙契約，賣出的不是一架「費爾康」預警機，而是三架，總價達到驚人的十一億美元。印度是個不尋常的買家選項，因為這個國家不到十年前才剛和以色列建立完整的外交關係，而且在這次軍售案談成時，外界還不太清楚兩國之間的關係到底如何。很少有人知道兩國建立的外交關係其實包括國防這一塊。

跟中國一樣，以色列與印度的關係也是早在正式建交前就開始了。早在一九七〇與八〇年代，印度官員就常常往來以色列，請求以色列協助他們在喀什米爾對抗巴基斯坦。印度人想學習新的戰術，並將重點放在日漸重要的電子作戰上，而這正是以色列的專長。這時雙方的交易規模都很小，大多數還需要經過第三方仲介。

雖然印度從與以色列的關係當中得到了好處，但它仍只能私下來往，原因包括冷戰選邊站的問題，不想激怒國內大量的穆斯林人口，以及必須與阿拉伯世界保持關係。

一九九〇年，兩國關係開始升溫。前任空軍司令、時任國防部督察長的大衛・艾佛利秘密飛往倫敦，與印度國防部長V. P. 辛格（V. P. Singh）見面。喀什米爾的戰爭還在持續，印度需要升級軍備，主要在使用的前蘇聯載具已經不足以滿足需求了。

幾個月後，艾佛利派了一群由高階軍官和國防企業代表所組成的代表團前去新德里。然後他本人也飛去當地，與印度總理納拉辛哈・拉奥（P. V. Narasimha Rao）見面。這是史上第一次，有以色列高階國防官員和印度國家元首開會。

艾佛利與會時，身邊有直接的對口單位——印度國防部督察長為伴。他帶了一封時任以色列國防部長拉賓所寫的信，信中拉賓表達了歡迎與印度建立國防關係的立場。在介紹過後，拉奧請他的幕僚離開，他想和艾佛利單獨談談以色列有些什麼東西，這個猶太人之國又有興趣與印度建立什麼樣的關係。

艾佛利為拉奧簡單說明以色列的軍事能力，又給他看了拉賓的信，並說明以色列與印度加深關係的重點在哪裡。

「我們的軍售案是沒有條件的，」艾佛利說，「我們是個小國。超級強國的國防關係是有外交條件的，我們沒有。」

拉奧對他聽到的東西很滿意。印度在找上以色列之前，曾試過向美國購買軍備，卻接到一長串的外交條件——大多都是人權問題，印度必須先滿足這些條件，軍售才會通過。

拉奧把印度國防部督察長叫回房內，授權他和以色列簽署價值二十億美元的軍購案。以色列對於和印度做生意的方法還有很多事情要學，但這筆生意後來還是很值得。到了二〇一四年，以色列對印度的軍售總額已達到一百億美元，使以色列成為印度僅次於俄國的第二大武器供應國（註七）。這樣的軍售使印度在外交方面對以巴衝突的觀感就有了改變。舉例來說，在二〇一五年，印度在聯合國三次對以色列不利的決議中，全都選擇棄權。

新加坡是以色列另一個先建立軍事關係、後建立外交關係的國家（註八）。新加坡後來成了以色列的重要盟友，根據各種不同的報導，該國甚至還參與了以軍最先進的幾套武器系統的研發。今天的星國武裝部隊是世界上裝備最精良的軍隊之一，而且佔據星國總預算的兩成。

新加坡與以色列的關係，要從一九六五年新加坡從馬來西亞獨立說起。當時的新加坡沒有像樣的軍隊，雖然英國正在協助馬來西亞建立軍隊，這樣的提議卻沒有套用到新加坡身上。這個國家需要協助，而且迫在眉睫。

新加坡的新任國防部長吳慶瑞秘密邀了以色列駐泰國大使莫德柴・奇德隆（Mordechai Kidron）來到新加坡。奇德隆帶了一位摩薩德的代表，在新加坡獨立後沒有幾天就到達，並且肩負著耶路撒冷的清楚命令：對這個新生的國家提供軍事援助。他們的提案很吸引人。以色列和新加坡同樣沒多久前才立國，並已成功在短時間內建立了一支強大的軍隊。這兩個國家有許多共通點：兩個國家都很小、也都被敵國包圍，以色列是埃及和敘利亞，新加坡則是馬來西亞和中國（註九）。

新加坡國父兼第一任總理李光耀認識奇德隆，也很喜歡他。他們幾年前在奇德隆來訪、希望在新加坡還沒獨立前就在這裡設立以色列的領事館時就見過面。李光耀雖然很信任這個猶太人之國，但他還是叫吳慶瑞先保留以色列這個選項，直到他接到另外兩個求援的對象印度與埃及的回音為止。但幾天後，吳慶瑞傳來的消息卻不甚樂觀。印度「祝新加坡幸福繁榮」，卻完全忽略了新加坡對軍事援助的請求。埃及的反應也很類似：他們承認新加坡是個獨立的國家，卻沒有回應派海軍顧問過來的請求。李光耀最失望的是當時的埃及總統納瑟，他還以為自己跟這位總統算有私交呢（註十）。

李光耀現在別無選擇，只能批准去找以色列，但仍指示一切要保密，以免激怒穆斯林國家馬來西亞。三個月後，一群以色列人由一位名叫傑克・埃拉札里上校（Jack Elazari）的人帶隊抵達新加坡。為了隱藏他們的身分，新加坡宣稱他們是墨西哥人。

埃拉札里出發前，先去見了時任參謀總長的拉賓。拉賓告訴他：「記住，我們不是去把新加坡變成以色列的殖民地。你的工作是教他們學會軍事專業，讓他們自立自強，最後自行運作他們的軍隊（註十一）。」

以色列也確實這麼做了。他們沒有組織大規模訓練，而是專注在訓練一小群略有軍事經驗的新加坡人，把他們教成軍官。還幫忙建造基地、建立準則，並打造軍方與政府之間的運作架構。這整個過程中總共募集、訓練了約兩百名幹部（註十二）。

李光耀想要像以色列一樣的全民軍隊，並以強制徵兵為兵源基礎。但這位新加坡元首一開始還希望以色列只徵召沒有工作的人，也就是他口中的「社會上的野蠻人」。李光耀舉了日本當例子。他說日本在二戰中擊敗了教育程度更強的英軍，證明軍人並不需要智力。他說軍人不需要思考，只要聽命行事就可以了。

埃拉札里和他的團隊不認同這樣的看法。他們向李光耀解釋，說日軍之所以在二戰中聽命勇猛作戰，是因為他們願意為天皇付出一切。「這不是教育的問題，」他們說明道，「是動機的問題。」李光耀聽進去了。

就在以色列代表團繼續工作的同時，奇德隆回到了新加坡，要求新加坡要給以色列一點報酬。他說新加坡差不多該承認以色列、讓兩國互設使館了。李光耀說這根本不可能。如果和以色列建交，一定會造成國內的穆斯林族群不滿，同時也會激怒明顯傾向阿拉伯世界的馬來西亞。

一九六七年，六日戰爭爆發。李光耀雖然對以色列打勝仗鬆了一口氣，但這場戰爭也給了新加坡一個新的兩難。聯合國正在準備通過譴責以色列的決議，李光耀知道如果新加坡投下贊成票，埃拉札里和他的團隊就會棄新加坡而去。但如果他棄權或投反對票，全世界馬上就會知道以色列和新加坡有一腿。他現在進退兩難。

在深入思考之後，這位新加坡元首決定棄權，實質上等於承認這個島國和猶太人之國有往來。那既然頭都剃一半了，就沒理由不成全以色列先前的請求了。以色列於一九六八年十月獲准在新加坡設立貿易辦事處，六個月後就獲准設立使館。

中國、印度與新加坡是以色列使用我們所謂的「軍事外交」來建立外交關係的三個例子。艾佛利在一九九〇年告訴印度總理拉奧說軍售沒有附帶條件這一點，正是這種外交手法當中的關鍵原則，使以色列能稱霸其他西方國家無法輕易打入的市場，例如非洲、東歐和亞洲。

以色列剛建國的時候沒有什麼朋友，尤其在最鄰近的中東地區更是如此。

以軍是個規模很小的軍隊，從當時到現在，其市場都不足以促使國內的公司為它開發高端武器。因此，以色列的國防產業所做出來的絕大多數產品都要外銷。這樣一來，這些公司就能替以軍保持生產線運作，同時壓低價格。

舉例來說，IAI在二〇一四年有百分之七十八的銷售額是賣給海外的客戶。以色列的大型國防企業差不多都是這個比例。這和世界其他地方的狀況都不一樣。在美國，國防企業海外銷售的比例會低了許多。波音公司國防部門的海外營業額，在二〇一四年大概只有整體的百分之三十五；洛克希德馬丁只有百分之二十。

舉以色列空軍最先進武器之一的「突眼」飛彈（Popeye）為例。此型飛彈由國營的拉斐爾先進武器系統公司開發，能從超過六十英里遠的地方穿過一扇窗戶，精準地命中目標。這是空軍最精密的遠攻飛彈之一。可是以色列空軍能訂幾枚？若要壓低成本，這種飛彈就一定要外銷。這就是為什麼這種全以色列最先進的飛彈——一般國家會想把這種技術留在國內——被賣到了美國、印度、南韓、澳洲和土耳其等國（註十三）。

簡單來說，如果以色列不讓「突眼」飛彈出口，拉斐爾公司就不會有錢開發生產這種飛彈了。

但這件事也不是一直都這麼簡單。就像把「費爾康」系統賣給中國那樣，軍售案如果發生爭議，可能會製造出外交上的緊張，甚至是盟友間的猜忌。盟友之間必須保持互信，而軍售案卻可能威脅到這樣的信任關係。

二〇〇五年，在以色列對中國軍售案的危機之後，國防部建立了一套新的機制，用來監督以色列的武器出口。在這之前，所有的武器銷售都是由國防部底下的國際防務合作局（International Defense Cooperation Directorate, SIBAT）在監督，其主要工作是推廣海外武器銷售，協助公司與外國政府建立關係。但在新的機制之下，以色列建立了國防出口控制局（Defense Export Controls Agency, DECA），其工作包括出口商的註冊、軍售案的核准和核發在海外市場販賣的執照。

以色列還同意加強與美國之間的合作。基本上這指的是只要每次有敏感的軍售案要談成前，以色列都會先問過五角大廈的意見。失去獨立性是個沉重的代價，但如果能保持與華府的關係，這樣的代價仍有其價值。

就是在這樣的機制下，一群高階以色列國防官員才會在二〇〇八年底來到五角大廈。他們要討論的是一件前所未有的事：一樁價值十億美元的以色列軍用無人機軍售案，客戶是俄國。

這可不是普通的軍售案。以色列是世上最大的無人機出口國，曾將無人機賣給非洲、歐洲、南美洲、亞洲等國家和美國。但以色列從來沒有賣過無人機——其實什麼武器都沒有賣給俄羅斯。幾十年來，俄國一直都是以色列敵國的主力軍武供應國，尤其是伊朗和敘利亞。像反戰車飛彈等俄國的武器還流入了真主黨與哈瑪斯的手上。如果以色列把自己的科技賣給俄國，很可能有一天這些東西就會出現在黎巴嫩、敘利亞和加薩。

俄國對以色列無人機的興趣，起因於二〇〇八年夏天該國與喬治亞在南奧賽提（South Ossetia）發生的戰爭。戰爭持續了五天，雖然俄國最後贏了——以承認南奧賽提與阿布哈茲共和國獨立告終，但交戰的過程也顯示俄軍在科技實力上的大幅下滑，尤其是在無人機這個領域。

在戰爭爆發前幾週、俄國可能併吞這些獨立領土的擔憂之下，喬治亞開始在紛爭地區上空以無人機進行定期偵察任務。這些無人機也不是隨便一款無人機，是艾比特公司在以色列製造、以色列空軍也有採用的賀密斯450無人機。俄國在三個月內擊落了三架無人機，其中特別值得注意的一次還有喬治亞釋出的一段一架米格機對無人機發射飛彈、直接擊中目標的影片。

雖然擊落無人機本身也很令人敬服，但喬治亞使用無人機作戰這個事實還是點出了俄軍的問題。首先，俄國的無人機太晚抵達戰場，無法提供即時情報，逼得莫斯科不得不派出戰鬥機與長程轟炸機執行標準的偵察任務。俄軍在戰爭中使用的無人機，有一款是舊型的羊茅式（Tipchak）無人機，俄軍後來承認此型無人機的噪音太大聲，很容易被發現並攔截。

相較之下，喬治亞軍成功收集了情資，而這大多都要歸功於該國手上的一小批以色列製無人機（註十四）。

戰爭結束後幾週，俄國找上了以色列，想要購買賀密斯450無人機——喬治亞使用的同型機。以色列一開始非常震驚。俄國從未向外國購買過軍備，更別說找上以色列了。但這場戰爭對莫斯科而言是一記警鐘，他們願意承認自己需要技術上的協助。

大家都同意一件事，那就是不論如何，以色列都不能賣出以色列空軍還在使用的無人機。在二〇〇六年第二次黎巴嫩戰爭期間，真主黨對以色列的戰車發射了幾十枚俄製反戰車飛彈。以色列絕不能冒險讓自己的無人機有一天被敵人所用。

但這時國防部官員想到了一個主意。如果以色列賣無人機給俄國，就能讓伊朗或敘利亞拿不到先進武器呢？這樣不只可能甘冒賣無人機的風險，甚至就算風險成真也值得了（註十五）。

以色列內部的意見很分歧。外交部支持軍售，宣稱這有助於加強與莫斯科的關係，尤其是在伊朗正在推動核武計畫的時候。他們認為無人機軍售案能讓以色列發揮俄國在伊朗政策上的槓桿作用。雖然國防部贊成握有莫斯科的籌碼，卻難以克服無人機科技有一天會出現在伊朗、敘利亞等國，甚至是出現在黎巴嫩真主黨和加薩走廊的哈馬斯手上的困擾。

當時有一樁俄國軍售案，是以色列全國都同意要不計代價阻止的，那就是將先進的S－300防空系統賣給伊朗的計畫。原始的八億美元協議於二〇〇五年秘密簽署，但在以色列與美國的施壓下，俄國決定延後交貨。

以色列之所以會考慮這樣的交換條件，理由很簡單：S－300是世上最先進的防空系統之一，而且經過實戰測試，可以同時追蹤最多一百個目標，很可能會讓以色列完全無法對伊朗的核子設施發動空襲。

俄國很清楚以色列對S－300的顧慮，每次對談都會提到。南奧賽提的戰爭結束後大約過了一週，以色列總理歐麥特打了一通電話給俄國總統梅德維德夫（Dmitry Medvedev）。俄國對於以色列提供喬治亞武器和無人機相當不滿。在對談中，歐麥特同意暫停對喬治亞的軍售，但也對莫斯科賣軍火給敘利亞和伊朗的事情施壓（註十六）。

克里姆林宮在官方上對以色列保證，俄國不會賣給伊朗任何可能造成區域失衡的武器。這句話可以解釋成俄國政府決定不要賣S－300了。但同時莫斯科也對以色列解釋，如果伊朗達成對聯合國的核能監視機關國際原子能總署的義務，那他們就會重新積極檢討S－300的交貨事宜（註十七）。克里姆林宮主張說，畢竟S－300是防空系統，如果以色列有疑慮的話就不要攻擊就好。

俄羅斯一直不願意表明自己真正的意圖。舉例來說，二〇〇九年年初，美國參議員李文（Carl Levin）前去俄國拜訪。李文當時是參議院軍事委員會主席，他來莫斯科的目的，是要提升兩國飛彈防禦上的合作，以便面對伊朗持續追求核武的問題。李文素以親以色列聞名，他也和俄國提起了S－300軍售案一事，並要求國防部副部長雷亞伯科夫（Sergei Ryabkov）不要將這套武器賣給伊朗。但雷亞伯科夫堅守立場，說雖然現在這個軍售案正在凍結中，大家一直提這件事並沒有什麼好處。

「我們希望盡量不要聽到華府提起這件事，」他說（註十八）。

但凍結的事還是無法撫平以色列的擔憂。耶路撒冷有些人已經覺得必須搶在S－300交貨之前先下手為強、搶先對伊朗發動攻擊了。

以色列不遺餘力地確保波斯灣四周比較友好的溫和派阿拉伯國家都知道這件事。舉例來說，阿拉伯聯合大公國參謀總長哈米德・塔尼・魯馬易錫（Hamid Thani al Rumaithi），就在二〇〇九年初見了美國駐阿布達比大使里察・歐森（Richard Olson）。他有一個緊急的請求，要美國馬上在阿聯境內部署五個愛國者防空飛彈陣地。他的理由是因為S－300的事，他擔心以色列很快就會攻擊伊朗，然後伊朗就會對阿聯發動報復（註十九）。

「我必須坦白說，這個地區發生的一些事，讓我國有點擔心，」魯馬易錫對歐森說。他說他希望愛國者飛彈部署在阿布達比內部和周圍，防止伊朗因為以色列的攻擊而對阿聯報復。當歐森問他為什麼認為以色列會發動攻擊時，魯馬易錫便舉出S－300交貨一事。他補充說：「我不信任俄國人。我從來都不相信俄國人或伊朗人。」

——

回到以色列，無人機軍售案突然變得越來越急了。可是此事的最終決定並不是國防部說了算。如果外交部否決，國防部還是可以把軍售案拿到以色列國防內閣面前，讓他們翻案。

國防內閣在二〇〇九年一年內開了好幾次會，討論這個軍售提案。俄國想要購買滯空時間長的無人機，就像喬治亞在戰爭期間使用的機型一樣。而以色列則提出了對案：他們可以考慮賣無人機，但只能賣空軍幾年前退役的「搜索者」（Searcher）之類比較舊的機型。

二〇〇九年六月，以色列新上任的外交部長李柏曼（Avigdor Lieberman）飛了一趟莫斯科。當時正是以色列與俄國關係最親密的時期，主要都是生於摩

2016年9月，美國國防部長卡特（右，Ash Carter）在五角大廈與時任以色列國防部長的李柏曼會面。（DOD）

爾多瓦的李柏曼奔走之下的成果。那年夏天結束前，已有五位以色列內閣成員去過莫斯科，兩國的觀光客人數創下新高，自由貿易協定已進入談判，俄國甚至還和以色列提及在莫斯科舉辦中東和平論壇。

在華府，部分圈內人士開始擔心以色列正打算找一個新的頭號盟友來取代美國。不論如何，這時以色列與美國的關係都很糟糕。納坦雅胡連任以色列總理之後，馬上就和美國新上任的歐巴馬總統鬧翻了。

在李柏曼待在莫斯科期間，他提起了S－300的事。俄國本來就公開反對以色列空襲伊朗的核能設施，因此告訴他，S－300「一點都不會破壞區域穩定，除非你們打算攻擊伊朗」，並拒絕保證不會提供這套系統（註二十）。

李柏曼離開時，心中已有明確的結論。S－300軍售案事關俄國人的面子，最終一定會完成交易的。如果他對無人機軍售案的需求曾有什麼懷疑，等他回到耶路撒冷時也沒有了。

幾週後，美國與以色列的高階官員來到了特拉維夫，舉行一年一度的戰略對話，這是一個針對區域情勢與確保以軍能保持素質優勢而建立的論壇。S－300出現在議程上，以色列也將自己最近的發現告訴了美國人，說如果美國繼續在波蘭和捷克部署飛彈防禦系統的話，俄國就打算繼續完成軍售案（註二十一）。

如果以色列打算推動無人機軍售案，現在就是時候了。

在以色列和莫斯科簽約之前，還有一大難關要過，這個難關就是美國。俄國和美國是世仇，華府聽到以色列把先進無人機賣給自己過去——在有些領域現在也是——的敵國以後，可不會太高興。

最早聽說軍售案的美國人裡，有一位是朗恩，也就是主管國際合作的國防部助理部長。朗恩是第一位協助鐵穹火箭防禦系統的美國官員，對以色列這樣的請求十分不滿，這時剛好遇上以色列請美國不要把先進武器賣給沙烏地阿拉伯與其他波斯灣國家。「所以你們的意思是說，我要把武器賣給阿拉伯國家要你們點頭，你們卻要把可能是美國技術衍生產品的東西賣給俄國，」朗恩對以色列的對口這樣說道（註二十二）。

以色列也提出了反駁。首先，他們宣稱無人機的技術並未以任何來自美國的技術為基礎。其次，他們告訴朗恩，說他們要賣給俄國的無人機在性能上的提升，其實只比莫斯科手上現有的東西好一點而已，和中國打算要賣給俄國的無人機其實差不多（註二十三）。

朗恩接著便問起俄國有一天將技術轉移給真主黨或伊朗的問題，但以色列向她保證，就算這件事成真，以色列現有的無人機也至少比賣給莫斯科的東西先進一個世代。

如果以色列將無人機賣給俄國，俄國就會偶爾需要找以色列來做定期保養、買備用料件以及技術上的支援。以色列認為這樣的依賴可以用來當作影響俄國外交政策的籌碼，尤其是關於對以色列的阿拉伯敵國軍售有關的事務。如果克里姆林宮做了有違以色列利益的事，耶路撒冷就能透過拒絕賣出備用料件或提供定期保養，來讓俄國的無人機飛不起來。

朗恩將這個提議往上呈給了她的長官。五角大廈建立了一個團隊，把以色列的無人機檢查了一遍，發現裡頭確實沒有美國技術、性能也與中國提出要賣給俄國的無人機相當。雖然華府不太喜歡以色列與俄國關係越走越近，但還是不情願地給了耶路撒冷許可，讓他們繼續進行軍售案。

朗恩後來回憶道：「由於這是合作計畫，俄國也會出資參與，以色列認為他們之後或許可以利用這點多少左右俄國對伊朗及更大範圍地區的決策。」

既然軍售案已成定局，那就讓以色列來賣吧。

有將近五年的時間，以色列的無人機軍售案似乎成功了。伊朗一直對俄國施壓，要他們交出S－300，但克里姆林宮卻拒絕交貨。伊朗人在俄國接受S－300訓練的消息三不五時就會出現，讓耶路撒冷相當緊張，可是飛彈系統卻一直出不了俄國。

但到了二〇一五年夏天，一切都變了。經過一年的談判後，以美國為首的西方強權（P5+1）與伊朗達成了歷史性的協議，準備控管其核計畫。協議談成後，俄國又開始說話了，說現在沒有理由要延後交貨了。國營的俄羅斯科技集團（Rostec）也宣稱軍售合約已「恢復效力」。

以色列開始準備新的一輪外交戰，但這時卻發生了意想不到的事情。當年九月，俄國開始轟炸敘利亞境內的伊斯蘭國目標，以拯救阿薩德政權。俄國在敘利亞部署了好幾個中隊的戰鬥機，還派出軍艦與潛艦前往地中海。以色列自蘇聯於一九七〇年代離開埃及之後，就沒有在邊界上看過俄軍了。以色列總理納坦雅胡擔心擦槍走火，便馬上飛往莫斯科與俄國總統普丁（Vladimir Putin）討論，要在以軍與俄軍之間建立詳細的協調機制。

同年十一月，一架俄國的蘇愷戰轟機被土耳其擊落。莫斯科當局十分震怒，威脅要發動軍事行動，並中斷與安卡拉的貿易。但普丁還做了別的事情。他把S－400飛彈——S－300的升級型，送去的地方不是以色列多年來努力阻止的伊朗，而是就在以色列北境的敘利亞，可說是直接送到了以軍的後花園來了。

S－400和S－300同樣具有從幾百英里外追蹤、攔截多重目標的能力，但它還多了升級的雷達系統，更能抵抗干擾，還能發射不同的飛彈，提供多層防禦。S－400的射程更長，可以從敘利亞境內擊落特拉維夫上空的飛機。

對以色列而言，這樣的消息非常震憾。有一位高階的以色列空軍軍官說：「即使是在最糟的惡夢裡，都想不到會有這種事情發生。」

俄國在敘利亞部署飛彈的事情除了在行動上所造成的後果——以色列空軍必須改變一些飛行路徑之外，也向以色列證明了一點，軍售的影響力終究還是有限。在中東這麼複雜的地區，務實往往是勝出的那一方。

結語　末日戰場

這次攻擊原本預計將會是以色列的九一一，是一場足以震憾整個國家的攻擊。過去多年的戰爭、自殺炸彈、火箭攻擊和流血衝突，在哈瑪斯指揮官於加薩準備對以色列發動的攻勢面前，都只能算是小兒科。這波攻擊原本會是以色列的末日。

大約早上四點半，地底下開始有人鑽了出來。約莫十幾個人從洞裡出現，身穿軍服，還帶著AK-47步槍、火箭推進榴彈（RPG）、手槍、手榴彈和夜視鏡。有些人的頭盔上還帶著GoPro攝影機，以便記錄他們的行動。這些人幾乎是憑空出現在一處小黃瓜菜園內。

這天是二〇一四年七月十七日，從以色列與哈瑪斯最近一次在加薩走廊交戰開始已過了大約一週。每天都有幾十枚火箭彈射向以色列城鎮，空軍的噴射機也在轟炸加薩，獵殺哈瑪斯指揮官，同時攻擊恐怖分子的基地、火箭發射架、指揮部與軍械庫。

以色列對於透過地道發動的攻擊早有準備，但並不知道地道的出口到底在哪裡。情報只能給出一個概略的位置。以軍在附近部署了大批部隊，還有無人機在上空盤旋。

在一架無人機所拍下，後來由以軍公開的黑白熱顯像影片中，可以看到哈瑪斯的部隊從地上的一個洞裡爬出來。然後他們就在田裡散開，直到察覺已經有人發現自己為止。他們跑回開闊地，然後一個接著一個鑽回地底下。就在最後一人開始遁入的同時，以色列發射了一枚飛彈，摧毀了隧道入口，還殺死了這個小隊的幾名成員。

這次從地道發動的攻擊發生在以色列與哈瑪斯的停火協議預計生效的幾個小時前。但對以色列而言，這件事已讓他們忍無可忍。大概在十天前，以色列才剛轟炸過另一座巨大的隧道，就在南邊不遠處，是通往附近的一座集體農場。

以色列知道哈瑪斯一直在挖掘穿過邊境的「攻擊隧道」，還為此建立一支特殊突擊隊，名叫「努科巴」（Nukhba），是阿拉伯文的「獲選者」的意思。這支部隊的頂尖成員會受訓在狹窄的隧道中移動及作戰，大多是步行，但有時也會騎小型摩托車（註一）。

以軍對外表示，哈瑪斯計畫派幾十人從大約三十條地道滲透，且地道的終點都很有策略地挖到不同的集體農場或城鎮內。這些人會進入民宅、餐廳和幼稚園大肆屠殺。這支部隊有一部分的人負責抓走一些以色列人，逼他們進入地道和他們一起回加薩，然後再用來當未來換囚時的籌碼。他們的目標是製造幾十人死亡、另外幾十人被綁架。光是這樣的景象就足以打擊以色列全國的士氣。

加薩的隧道本身並不是秘密。一九八〇年代，以色列在與埃及的和平協議中歸還西奈半島，加薩南部的拉法也被分成了兩半。自當時以來，這些地道就已是此地地理環境的一部分了。但當時這些地道通常只用來走私違禁品。目前已知恐怖分子最早利用隧道的案例是在一九八九年，哈瑪斯恐怖分子馬哈穆德．瑪布胡（Mahmoud al-Mabhouh）在綁架、撕票兩名以軍士兵後，利用地道脫逃。瑪布胡之後成為哈瑪斯最高階的探員，負責取得武器。二〇一〇年，他據報是被摩薩德的暗殺小組殺死在他位於杜拜的飯店房間內。

到了二〇〇〇年代早期，埃及與加薩的邊界已有幾百條可用的地道，用於走私任何裝得下的東西，從軍火到香煙、爆裂物到電漿電視，甚至連汽車都有。

由於拉法就在與埃及的邊界上，加薩居民個個都成了挖隧道的專家，有時還會利用小孩來建造地下通道與走私違禁品。這些通道一開始是挖在邊界附近的民宅內，工程通常需要兩週到兩個月，造價最多可達十萬美元。蓋起來雖然很貴，但一條成功的走私隧道，往往能帶來相當龐大的收益。

隨著時間過去，哈瑪斯也開始將越來越大、越來越複雜的地道系統整合到作戰計畫裡，並用來攻擊加薩走廊境內的以軍基地。舉例來說，在二〇〇四年，就有一枚重達一噸半的強力炸彈，在以軍設於拉法附近的一處陣地底下的地道內爆炸。哈瑪斯的突擊隊隨後進攻該地，並殺死五名以色列軍人。

從戰略上而言，哈瑪斯運用地下隧道是合理的決策。雖然他們的火箭彈成功驚嚇了以色列民眾，但受到嚴密防守

2014年，一名以色列士兵站在從加薩走廊邊界發現的一處恐怖隧道入口處。（IDF）

的邊界還是使他們難以發動大規模的戰略性攻擊並動搖這個猶太人之國。邊界上有大型圍牆與先進的雷達、觀察哨和巡邏隊鎮守，因此要從地面上滲透以色列的邊境幾乎不可能。地下通道是進入以色列、發動攻擊並離開的完美路徑，因此這些隧道代表著無窮的潛力。

與挖地道有關的產業也在這些年間大幅進化。同年十月，以軍在加薩邊境靠近以色列這邊發現了一座規模先前從來不曾見過的大型隧道，位在艾因哈許洛沙（Ein Hashlosha），一座一九五〇年代由一群來自拉丁美洲的新移民建立的鄉間集體農場。這次的發現完全是運氣，結合了零星的情報與居民抱怨聽到怪聲的報告，才找到了這個地方。

地道有五十英尺深，長度將近一英里，高度六英尺，足以讓人在裡面直挺挺站立。這個巨大的地下通道用了超過五百噸的混凝土，有一位集體農場的居民還說這個外觀讓他想起紐約的地下鐵。以色列情報單位估計這條隧道造價高達幾百萬美元，哈瑪斯原本應該是打算用來滲透這處集體農場，並想盡全力屠殺居民。

雖然以色列早就知道有這些地道的存在，可是他們對二〇一四年夏天的這場攻擊還是毫無準備。在七月十七日的攻擊之後，以色列國安內閣決定派出地面部隊開進加薩，以便找出這種跨境地道、加以繪圖，最後再摧毀。但這有兩個問題。首先以色列的情報單位並不知道這些隧道到底在哪裡，而且他們也沒有摧毀地道的詳細戰術。雖然以軍都知道自己的任務，卻幾乎完全不了解該怎麼執行。

這些部隊獲派去進行一場規模有限，但重要性十分重大的行動，可是他們的發現連老兵都感到震驚不已。哈瑪斯從加薩挖了超過三十條隧道進入以色列，其中大部分都已經完工，剩下的也快完成。這些隧道已不是以色列過去發現的那種又短又窄的克難地道，而是備有導風管、水泥牆和通訊用的電話線，且內部空間足以讓人直立行走的完整隧道。有些隧道長達數公里，還有好幾條支線從主線分岔出去，就算有一處入口被發現，其他地方大概還有好幾處入口。這表示以軍得深入地底，才能畫出整套隧道系統完整而複雜的地圖。

根據《華爾街日報》的報導，這點又帶來了兩大挑戰。首先是要怎麼找到、辨識這些隧道，其次則是要怎麼摧毀。以色列對第一項挑戰大概有個底。在這次行動之前，情報單位利用掃蕩行動電話網路與訊號的科技追蹤挖掘工人的手機訊號，找到了其發射訊號的所在地。

以色列發現這些訊號都會在挖掘工人進入地下時消失，然後幾個小時後在他們爬出來時又在同一個地點再次出現（註二）。這樣的規律通常表示附近有隧道出入口。

自二〇〇〇年代初期開始，國防部就測試過許多系統，看能不能成功找到隧道。但一份二〇〇七年的主計處報告卻抨擊國防部和以軍做得不夠。不論如何，當部隊在二〇一四年跨過國界進入加薩時，他們都是盲目行動，沒有任何真正的科技協助。在打擊隧道行動剛開始時，國防部長認為這個過程需要兩到三天，結果最後卻花了快三個禮拜，期間哈瑪斯還是不斷透過隧道發動攻擊。

以軍手上沒有清楚的方法可以偵測、摧毀隧道，因此只好臨機應變，在執行任務的過程中嘗試各種不同的方法。以色列發現的前幾座隧道很快就從部隊找到的出口處炸毀，可是以軍這時才了解，炸毀一個入口如果發生在有許多支線的隧道網裡，其實沒有任何意義，而幾乎所有的隧道都有支線。

後來部隊開始把機器人放進隧道，沿著內部行動；有時候他們還會把液態炸藥倒進隧道內。更有少數狀況是士兵親自進去，在牆上排滿炸藥和地雷。空軍也來協助行動。在隧道的路線確認後，噴射機就投下幾十枚ＪＤＡＭ——專門設計來打穿地面的精準導引炸彈，沿著隧道的方向轟炸。以軍把這種戰術稱作「動能挖掘術」（kinetic drilling）。

就在以色列的部隊進入加薩尋找、破壞隧道的同時，哈瑪斯仍然成功發動了幾次攻擊。其中包括一群哈瑪斯武裝人員從納哈爾歐茲（Nahal Oz）附近的集體農場離開隧道後發動的攻擊。在哈瑪斯後來釋出、以頭戴式 GoPro 攝影機拍下的影片，可以看到槍手離開隧道、在光天化日下跑過一處田野，然後摸進附近的一處以軍邊境哨所，並殺死五名士兵。這些滲透部隊隨後跑回隧道，逃回加薩。

到了行動結束時，以色列已摧毀了約三十座隧道，但也付出了沉重的代價：有幾十名士兵陣亡，還有幾百名巴勒斯坦平民喪生。另外，這次行動本來應該只需要幾天就能結束，結果卻拖了五十天，是以色列自一九四八年獨立戰爭以來時間最長一次的武裝衝突。

這場戰爭是一記醒鐘。以色列一直都知道哈瑪斯會利用醫院和學校來收藏武器與隱蔽指揮部，但他們發現的隧道卻是一種全新的戰鬥。這些隧道甚至可能讓哈瑪斯具備發動規模相當於九一一事件的攻擊。

以色列在二〇一四年加薩戰爭中所面對的，是一種全新的戰爭型態。以軍以為自己已經準備好在加薩作戰了。士兵都是精通城鎮戰的專家；陸軍的戰車都裝上了全新的「戰利品」

主動防禦系統，可以抵擋反戰車飛彈；鐵穹系統也已經證明攔截卡秋莎和卡薩火箭的效率比預期還要好。可是這些隧道卻讓以軍所作的準備看起來幾乎沒有意義。

這是所謂「破壞式創新」（disruptive innovation）的典型例子。哈佛大學商學院教授克里斯汀生（Clayton Christenson）發明了這個詞，用來形容使傳統對手——以此例而言是以色列國防軍，失去效用的創新——以此例而言是恐怖攻擊隧道。

但最後，以軍還是成功完成了任務。這個過程比預期還要久，而且雙方的損失都比任何人預計的還要多。軍方最後還是找到了方法，得以發現隧道並加以摧毀。他們適應了持續改變的戰場，並建立了新的知識庫，現在全世界的軍隊都想獲得這些知識。

以色列或許是第一個面對邊界恐怖隧道的國家，但這樣的隧道有一天也可能出現在美墨邊境、土耳其與敘利亞國界，或是印巴兩國的國界上。這可不是什麼遙不可及的威脅。

——

以色列在加薩戰爭中的經驗證明，以軍不論覺得自己做的準備有多好，都還是可能會遭到奇襲。

這對以色列而言並不是新鮮事，對軍方而言尤其如此。舉例來說，當贖罪日戰爭於一九七三年爆發時，駐守在埃及邊界的以軍戰車組員一開始先是被神秘的飛彈擊中。各車的車長一開始還以為那是步兵發射的一般RPG火箭彈，但他們往後退出預估的射程後，戰車卻還是遭到攻擊。

隨著交戰持續，以軍的戰車兵終於明白，自己面對的是一種新的威脅。對方使用的是一種單人即可發射的飛彈，飛彈以線控導引，可以從超過一英里遠的地方精準命中戰車。這是蘇聯製的新型反戰車飛彈，名叫薩格飛彈。如果想要擊敗薩格飛彈的話，以軍就必須臨機應變。只要有人注意到飛彈發射，戰車就會互相警告，然後一起開始往任意方向亂開，同時激起沙塵，阻擋飛彈兵的視線。

這樣的戰術很成功，後來還被北大西洋公約組織引進採用。雖然這很有效，並不能讓以色列的戰車完全避免受到攻擊。戰爭第一天就有超過一百八十輛以色列戰車遭到摧毀，其中超過一半是被薩格飛彈擊中（註三）。

但以色列在一九七三年、二〇一四年，以及整個國家歷史中所證明的，卻是在臨時的狀況下、在壓力下、在戰場上臨機應變的能力。正如我們在這整本書裡說明的一樣，臨機應變是以色列人的招牌特質，也是這個國家在面對種種挑戰與威脅時，常常依賴的特質。

從這些經驗中得到的教訓，不論軍隊怎麼做準備，都還是會受到奇襲。以色列以為已經阻止了S－300交貨到伊朗，結果卻發現它的升級版出現在敘利亞；以為加薩的火箭彈攻擊不構成威脅，卻發現有幾千枚火箭從天而降、攻擊它的城市。隨著這個地區進入史上最大的動盪時代，以軍指揮官都知道出乎意料本身就是意料之中的事。他們能做的只有盡可能減輕受到的影響而已。

替沒有預期到的事情作準備，聽起來似乎很矛盾，但這就是以軍每天在做的事。沒有人知道下一場戰爭是什麼樣子，但就像所有現代軍隊一樣，以軍還是盡力替未來作準備，而不是以過去的上一場戰爭來準備。

以色列測試未來戰爭的測試場，就在特拉維夫的國防部底下幾百英尺的地下指揮中心裡。這裡有個外號叫「波爾」——希伯來文稱為「坑」的地方。

波爾是以軍的神經中樞，也是所有重大行動進行規劃與指示的地方。要進入這裡，得先穿過兩扇巨大的鋼鐵大門，若是發生非傳統武器攻擊時，這兩扇門會直接封死。這裡有一個很大的告示牌，要求所有訪客都必須把手機留在外面。由於伊朗和真主黨一直都在竊聽以色列的動靜，國防部不打算冒任何風險。波爾有自己的空氣淨化系統與電源。即使地面上的建築物被炸毀，波爾還是可以繼續運作。

這裡的樓梯彷彿往下延伸好幾英里深。其中一層樓有一扇門，上面的牌子寫著「北方前線——敘利亞」。沿著大廳往下走，還有其他給加薩和黎巴嫩的房間，還有一個房間是給以軍稱為「深入地區」的前線，也就是部隊必須遠離以色列國界作戰的地方。作戰官會在這些房間內攤開地圖、草擬未來行動的計畫，並決定要將各個行動與戰場指派給哪些單位與飛機。

再往下幾層樓，就是參謀總長的會議室。這裡有一張U字形的桌子，每週都會有軍方高層的指揮官在這裡開會，以便檢視現有行動的結果，並辯論以色列在未來的衝突中應該採取什麼樣的準則與戰術。牆上掛滿了照片，拍的都是過去以色列多次遇到危機時，在這個房間裡舉行的重要會議。照片中將領嚴肅的撲克臉，時時提醒著在房間內被持續保密的種種討論與秘密。

會議室的一側有著落地玻璃窗，將房間與以軍的主要指揮中心隔開。這裡通常外界都稱為作戰室。參謀總長的座位在長桌的中間，身邊擺放了電腦與電話，並以顏色區分其加密等級。將軍們面對一整面的螢幕坐著，每個螢幕都顯示著不同感測器回傳的畫面，包括飛機、軍艦與衛星。這裡就是參謀總長監督即時行動的地方。

在第二次黎巴嫩戰爭結束幾年後的一個夏日，一位高階將領站在會議室裡，講解著以色列未來戰場的樣貌。這個樣貌實在不怎麼好看。他說中東的動盪當然有其好處，但對以色列而言，它帶來的新威脅與新挑戰還是比較多。首先，敘利亞軍曾是以色列的主要敵人，但現在它已經不存在了，因此這個猶太人之國再也不需要面對真正的傳統軍事威脅。他還說以色列必須擔心裝甲部隊入侵和領土被敵國佔領的日子應該已經結束了。

但這位軍官繼續說，從另一方面看，真主黨和哈瑪斯也不再是小規模的恐怖組織了。他說在未來的戰爭中，以色列將會面對所謂的「拼貼式作戰」，必須學會如何應付反戰車飛彈（傳統威脅）、軍人遭到綁架（恐怖攻擊）和從地道裡冒出來的恐怖分子（游擊戰），而且必須同時進行。戰鬥機在轟炸戰略目標與大範圍投射火力時很重要，可是如果今天遇到五十個哈瑪斯恐怖分子從隧道裡冒出來、殺進附近一處集體農場的餐廳，那這些戰鬥機也沒有用武之地。

為了準備應付這種「拼貼式作戰」，以軍近年來開始強調三大重點：改善協同行動能力、提升安全距離／機器人平台的運用，以及確保以色列的作戰與行動能持續受到國際認可。

協同行動能力指的是不同軍種或兵科合作的能力。最基本的要求，就是指飛行員和步兵必須聽得懂彼此在說什麼，如此地面部隊要導引飛行員轟炸目標時，他們才知道對方是什麼意思。比較進階的要求則具有一些科技上的先決條件。過去如果空軍的飛行員無法從駕駛艙裡的螢幕看到地面部隊交戰的目標，現在他們做到了。

此類協同作戰能力的提升，要感謝像哈南・伊塞羅維奇上校（Hanan Iserovich）這樣的軍官。他直到二〇一五年都是以軍精銳電腦部隊「馬倫」（Mamram）的軍官。這個希伯來文縮寫的全名是「電腦暨資訊系統中心」（Center of Computing and Information Systems），該部隊素有精實之美名，負責維護以軍的網路並確保戰術性連線能力。這裡的官兵都會在義務役退伍的瞬間被科技公司搶走。

這個單位最近的發明，包括以色列軍隊口中的「水晶球」系統（Crystal Ball）。它能讓指揮官把目標的座標上傳到數位地圖上，只要在傳送戰場即時畫面的螢幕上點一下就可以了。

這樣一來，坐在指揮部裡的軍官就能直接選擇自己在任何感測器——例如無人機——所回傳的畫面上看到的目標，然後馬上把目標轉換成數位座標，然後再轉送到所有該地區內戰鬥單位的數位地圖系統裡。

「水晶球」和其他類似的系統可以幫以軍縮短從感測到射擊的時間。以前需要二十分鐘的過程，現在只要不到一半的時間就能完成了。

伊塞羅維奇知道這種系統可能扮演多麼重要的角色。他在二〇〇六年第二次黎巴嫩戰爭期間，是納沙爾步兵旅第五十步兵營營長，和他的弟兄一起部署到了黎巴嫩南部。有一天他的無線電響了。另一端是一位情報官，人在以色列北部的北方司令部，他手裡有重要的情報。

「你附近的民宅內有一個的真主黨反戰車飛彈小隊，」情報官說，「準備行動。」

這種情報在戰爭期間相當少見。以軍決定要入侵黎巴嫩，結束真主黨在邊界上公開部署兵力的行為，可是他們手上並沒有整個黎巴嫩南部村莊哪裡有這個組織陣地的情報。可是這次情報卻神準無比。伊塞羅維奇用他的夜視鏡找到了真主黨的小隊，離他不到一英里遠。接下來就是分秒必爭的行動了。當伊塞羅維奇看到這支小隊時，真主黨的武裝人員還沒看到以軍部隊。如果讓他們看到，接下來就是全面的浴血戰了。

伊塞羅維奇找上了在附近飛行中的一架以色列空軍阿帕契攻擊直昇機，請飛行員攻擊真主黨小隊躲藏的民宅。接下來伊塞羅維奇花了整整十五分鐘和飛行員通話，一次又一次解釋真主黨小隊所在位置，以及自己部隊所在的位置。飛行員希望能確定自己不會不小心瞄準伊塞羅維奇和他的部隊躲藏的地方。兩人來來回回講了十幾次話，飛行員才確定自己所講的目標和伊塞羅維奇所說的是同一個。

像這樣的經驗，使以軍得出一個結論，部隊之間嚴重缺乏協同作戰能力。現在有了「水晶球」等系統之後，像伊塞羅維奇這樣的指揮官只需要在電子地圖上標示有真主黨民兵的民宅，其他所有在同一個區域網路下運作的單位都會看到這個目標，包括戰鬥機和直昇機。

「今天的敵人，不論是真主黨還是哈瑪斯，都有著優秀的隱蔽性，十分難以捉摸，而且都在城鎮環境行動，」一位資深軍官說明道，「我們必須學會又快又精準地偵測、辨識並攻擊這樣的目標。」

以軍正在進行的第二大改革，就是將更多自動化系統——機器人——整合到戰鬥中。到了二〇一五年，以色列空軍大部分的出擊架次都已經是由無人機執行了。這個比例會逐年上升，空軍打算在二〇三〇年將整個機隊完全替換成由無人機和匿蹤戰鬥機組成。

可是不只有天上飛的才是無人載具。在地面上，軍方已採用許多無人系統，從可以丟進房間滾來滾去、拍攝房內狀況的球型攝影機，到巡邏以色列與加薩的危險邊界，而不需要讓士兵親身冒險的無人地面載具。

未來還會有一種新的選項，就是派無人地面載具（UGV）在部隊之前先進入敵境。以前必須由精銳偵搜部隊進行的高風險任務，現在只需要一輛配有全方位攝影機、擴音器和自動步槍的小型無人越野車就可以解決了。在不知道屋內有什麼東西的狀況下攻堅民宅也會成為過去式，因為很快就會有機器蛇先走一步，滑進敵軍的總部內，然後部隊才會前來發動攻擊。還有像以色列的拉斐爾公司開發的保護者（Protector）無人巡邏艇，艇上配有武裝，也有針對非致命任務設計的高壓水管。此艇的設定以小型快艇為基礎，在加薩外海已通過了以色列海軍的測試。

在不久的將來，空中與地面的機器人將會在前方衝鋒陷陣。如果最後還是需要派出人員，這些官兵也會和現在看起來很不一樣。他們身上不會穿著軍靴和戰鬥背心，而是穿著機械式裝甲，在提供保護的同時，也讓士兵移動得更快、背負更重的重量，自己卻感覺不到差別。他們會有單兵頭戴式顯示系統——用來提升戰況感知，手裡拿的突擊步槍還會發射可以區別敵我部隊的子彈。

送上戰場的戰車也會無人化，還會配有油電混合引擎，能一次連續執行任務好幾週。空中的無人機會以太陽能和機翼內的燃料電池為動力。它們除了定期維修檢查之外，將永遠不需要降落。

空軍發射到戰場上空的微型衛星陣列將能替地面部隊提供即時影像，同時還可以充當「基地台」，替以色列在遠離國境之處作業的通訊裝置提供訊號。精準的火箭會負責攻擊事先指定的目標，讓空軍的匿蹤戰機得以保留給航程更長、更具戰略價值的任務使用。

如果六日戰爭在未來重演，以色列

一輛以軍的無人地面載具——「守護者」，正在巡邏以色列與加薩走廊之間的邊境。（IDF）

可能根本不需要派出戰鬥機來消滅埃及與敘利亞的空軍。以色列可以把所有的飛機留在地上，直接用精密而強力的電腦武器攻擊。

這就是以色列未來的作戰方式。

——

可是如果以色列的行動無法得到國際認可、認定是正當的軍事行動，那上述這些也就沒有意義了。以色列可以開發、製造武器，甚至可以把這些武器賣到全世界，可是如果世界各國不支持以色列的行動，這也沒什麼意義。

對像以色列這樣的國家而言，正當性可不是什麼小事。以色列十分依賴國際——尤其是美國的支持，在採取軍事行動之前幾乎都會尋求國際上的認可，即使只是默認也好。以色列最近在加薩和黎巴嫩發動軍事行動時就是如此，而當以色列面對伊朗的核計畫問題，最終決定面對世界譴責而不排除發動空襲時也是如此。

戰爭並不會在戰場上結束，當對手不是國家的時候尤其如此。戰爭會在媒體、在法庭和聯合國安全理事會的會議室裡繼續打下去。民眾的支持度在今天比在十年前重要得多，如果得不到這樣的支持，戰爭便可能會在軍事目的達成前就結束了。

這正是二〇〇六年七月三十日，以色列對真主黨發動作戰的兩週後所發生的事。黎巴嫩南部的卡法卡納（Kfar Kana）發生了一場驚天動地的爆炸，是前一天晚上以色列空軍投下的炸彈所造成的。這枚炸彈不知為何故障，沒有立刻引爆。

初步的報導宣稱有超過六十人死亡，其中有一半是孩童，幾乎每家國際新聞台都連上半島電視台從瓦礫堆發送的直播。以色列宣稱該棟建築的附近是真主黨發射卡秋莎火箭彈攻擊以色列的發射台，卻等到十二個小時之後才拿出證據。

這天便成了戰爭的轉捩點。美國國務卿萊斯（Condoleezza Rice）正巧就在以色列，並藉此要求以色列在接下來四十八小時內，不得在黎巴嫩上空發動任何空中行動。這樣的要求在戰爭中是很大的代價。在接下來的幾天，國際對以色列跟真主黨之間作戰的支持便幾乎消聲匿跡。

如果以色列更快釋出卡法卡納實情的證據，對以色列的支持或許還會持續下去。但不論如何，卡法卡納與在那之後的多次事件，都逼得以色列不得不適應新的現實，除了外交單位之外，軍官在攻擊目標之前也必須考慮到攻擊的瞬間可能會有攝影機在拍攝，以及這次攻擊可能造成的國際法的後果。以色列軍官到底能不能暢行世界、不必擔心被捕？還是世界各國會發佈全球通緝，逮捕以色列的高階軍官？

——

當我們來到特拉維夫北邊不遠處的濱海公寓時，並不知道接下來會怎麼發展。再過幾分鐘，應該就會見到以色列前總理、前總統希蒙．裴瑞斯了。但我們不知道高齡九十三歲的裴瑞斯能給我們多久的時間，也不知道他究竟會不會還記得我們想聽的那些故事。我們只能等待驚喜。

裴瑞斯可說是最具代表性的以色列國民。他的公寓書架上擺滿了從政七十年來的紀念物，包括與世界領袖的合影，外國頒給他的獎章，他跟拉賓、阿拉法特共同獲得、充滿爭議的那面諾貝爾和平獎獎牌。

如果有哪個以色列人什麼大風大浪都見過，那一定是裴瑞斯。獨立戰爭期間，他在本古里安身邊，後來他還負責替這個新興國家購買大部分的武器。說服阿爾．史溫默搬來以色列、建立ＩＡＩ的也是他，打造以色列與法國的戰略關係的人還是他，這樣的關係後來還引領了列為國家最高機密的核能計畫。

他幾乎在以色列政府的所有部門都曾任職：運輸部、國防部、財政部和外交部。他當過以色列總理兩次，而他最後一個工作——二〇〇七年到二〇一四年，則是總統。

我們認為如果有人能解釋以色列開發世上最先進武器的秘密，那一定非裴瑞斯莫屬。

裴瑞斯一開始成為本古里安的助理完全是運氣。當時是一九四七年，裴瑞斯在約旦河河谷長大的集體農場，決定派這個二十四歲的年輕人去特拉維夫，以志願者的身分加入哈加拿。在一個週六的晚上，集體農場的書記官辦了一場投票，第二天裴瑞斯就前往特拉維夫的「紅屋」——哈加拿的總部，身上只帶了集體農場的朋友塞進他口袋的三里拉[1]。

可是他到達現場後，沒有人知道應該怎麼安排他。他在建築物內走來走去，結果遇到了一位老朋友。裴瑞斯問他：「你知道我在這邊應該做什麼嗎？」

「不知道，」他的朋友回答，「我們真的沒有可以給你做的工作。」

裴瑞斯有點慌了。他這趟白跑了嗎？如果他明天回農場，要怎麼和他的朋友們說明？就在他站在原地沉思該怎麼辦的時候，他聽到樓梯間傳來很大的聲音。

「啊，你到啦？」裴瑞斯轉頭，看到以色列的新總理大衛·本古里安站在自己面前。他們是在兩人當時都是黨員的左傾政黨以色列地工人黨（Mapai）認識的，幾年後這個政黨合併成今天的以色列工黨。

「是，」裴瑞斯回答。本古里安走了過去，從外套中拿出一張紙交給裴瑞斯。「這是我們擁有的軍備與武器清單，」本古里安說，給了他哈加拿手上擁有的機關槍和子彈數量，「如果我們沒有武器卻遭到攻擊，那我們就會被敵人消滅。我們需要武器。這就是我們最重要的任務，而這就是你的工作。」

本古里安的熱情接待並沒有幫到裴瑞斯什麼忙。哈加拿的其他領袖仍然對他不聞不問。當天稍晚，他的朋友又找到了他。他告訴裴瑞斯說，雖然沒有工作可以給他做，但裴瑞斯可以去坐在哈加拿參謀長雅可夫·多利（Yaakov Dori）的辦公室裡，他今天請病假在家。

裴瑞斯去了多利的辦公室，坐在他的大木桌後方。他很無聊，不知道該做什麼，就打開

1 編註：Lira，貨幣單位。

一個抽屜到處翻，發現兩封寄給本古里安的信。他拆開其中一封，發現了一生中最讓他震驚的事。

一位以軍將領在信上說明，他對總理邀請他出任參謀總長一事做出回應。這位將軍寫道，雖然這是一大殊榮，但他還是決定婉拒，因為他發現整個猶太人之國從上到下竟然總共只有六百萬發子彈。

「我們打一天的仗就要一百萬發子彈，我不想當一位只能在任六天的參謀總長，」這位將軍是這麼寫的。

裴瑞斯一直都不知道問題有這麼嚴重。但他的震驚沒有持續很久，他還有工作要做。他很快就來到本古里安身邊，開始指揮世界各地的一群幹員不擇手段替以色列取得武器和彈藥。裴瑞斯接下來的十年都花在這件事情上。

這些經驗塑造了裴瑞斯的人格特質。就在他東奔西跑、購買武器的同時，他也有了很多理想，想像著以色列要怎麼克服危險的軍事劣勢。舉例來說，在這些草創歲月裡，以色列沒有戰車、沒有軍機，也沒有人願意賣給他們。因此裴瑞斯想了一些非常有創新的方法來繞過這些問題，例如讓以色列獨立開發反戰車飛彈與防空砲，至少還能保護自己。

「如果你的面前有一面牆，直接拿頭去撞是很不明智的，」他告訴我們，「你必須想別的方法完成任務。你必須想辦法保持創意。」

這點並不是一直都這麼簡單。舉例來說，以色列在一九五〇年代開始製造國產步槍，可是當部隊把生產出來的槍支拿去測試時，卻有子彈在槍管內炸開。士兵拿了另一把步槍再試一次，結果又膛炸了。軍官都覺得很奇怪，他們檢查過子彈和步槍，可是都找不到故障的原因，直到一位工程師決定檢查用來做子彈的銅。結果原來是倉庫鬧鼠患，造成倉庫內存放的銅被老鼠尿污染，因此整批子彈全都是不良品。

裴瑞斯有了本古里安在身邊相助，便開始推動讓國家「科技化」的過程。當裴瑞斯來到部隊，建議他們購買超級電腦的時候，他馬上就被從房間裡被趕了出去。當他建議投資開發飛彈的時候，將軍們又笑了。他們諷刺地說，「我們連子彈都沒有，你卻來找我們談飛彈和電腦。」

障礙沒有消失，但裴瑞斯卻擁有超乎常人的毅力。舉例來說，當財政部長告訴他，自己的部門「連一分臭錢」都不會給建造核子反應爐時，裴瑞斯便成功在預算之外另外募到了需要的幾百萬美金。當以色列的大學不願意配合開發武器時，他就去別的地方找科學家。裴瑞斯能在別人看到危機的地方找到機會。他不願意放棄，也不願意屈服於他知道在自己背後流傳的辱罵和中傷。

「我們從一開始就受到攻擊，沒有什麼選擇，」在他回憶自己和本古里安在一九四七年十一月二十九日聯合國投票決定分割計畫[2]的時候，他對我們直截了當地說道。本古里安那天晚上說：「今天他們在這裡跳舞，明天就會發生戰爭。」

無論如何，以色列還是成功擊敗了敵人。裴瑞斯說這樣的成功是結合了高水準人力與驚人的源動力才得到的結果。

「我們猶太人的基因裡有某種東西，讓我們永遠不會滿足，」他說，「給猶太人一樣東西，他就會把它改良或修好。給空軍一架飛機，他們就會加裝東西、改造東西……我們相信一切都是有可能的。」

但這時我們問了這位以色列老人，您不擔心以色列在軍事素質上的優勢有漸漸消失嗎？我們告訴他，近年來美國已經宣布計畫要將價值幾十億美元的最先進軍用武器賣給沙烏地阿拉伯了。同時真主黨和哈瑪斯的架構也越來越接近軍隊，手上也開始使用像反戰車飛彈與無人機這種原本只有正規軍會使用的武器。

裴瑞斯想了一下，然後講出了他對未來的看法。「為了保持以色列在素質上的優勢，」他說，「我們必須投資士兵的腦子，不能只讓他們鍛鍊肌肉。」

這就是為什麼裴瑞斯最近向參謀總長提議，應該讓所有士兵都去念大學、拿到學士學位後才入伍。這就是為什麼他最近還建議教育部應該在托兒所教兩歲和三歲的小朋友學習第二語言。

裴瑞斯說沒有什麼東西不可能。但他也補充，同樣也沒有什麼事情會自己水到渠成。如果我們想讓某件事發生，就必須親手促進，有時必須事事親力親為。

我們在這天了解到，裴瑞斯是個夢想家。這個一手打造以色列的軍隊、發展核子能力的人物，喜歡討論的主題是科學、科技、機器人與和平。他和我們說武器與戰爭的未來是在「擁有無窮潛力」的太空，以及在了解如何消耗更少能源上。「重點是用更少資源做更多的事，」他說道。還熱情地討論起奈米科技與這種科技讓以色列得以開發更小、更聰明、更可靠的感

2 譯註：即聯合國第181（II）號決議。決議將英屬巴勒斯坦領地分割為一個猶太人國家與一個阿拉伯國家。最後決議以三十三票贊成、十三票反對（大多為阿拉伯國家）、十票棄權（包括中華民國）通過。

測器與武器。

在我們的談話接近尾聲時，他說多年的戰爭已讓以色列人變得悲觀、多疑。但他堅持科技可以改變這點。「未來不會像瑞士手錶一樣準時到來，」他說，「但我們可以改變人的性格。我們可以用科技讓人們更厲害、過更好的生活、對未來更有希望。」

裴瑞斯索所說，到底對不對並不重要，我們讚嘆的是這位九十三歲的前總統仍然保持著「無畏」的精神、想著五十年後的事。

當在寫這本書的時候，我們覺得這是歷史性的一刻。我們同時以以色列記者報導以阿衝突的日常，又看著新武器開發與加入這個地區，讓我們覺得這是一個複雜但又迷人的時代。

以色列的武器正在為現代戰場帶來革命。這些武器對於作戰方式的影響，正擴散到遠超過以色列邊界的地方，進入更廣大的中東、歐洲、非洲與亞洲。這些武器的故事以罕見的方式，結合了從戰爭中得到的軍事經驗和持續的創新，因而吸引了全世界的注目。

我們是在周遊各國的過程中完成本書的，包括亞洲、歐洲各國，當然也包括以色列和美國。在我們去到的每個地方，都有著與以色列大致相似的普通人，可是卻很少擁有以色列的科技實力與先進武器。

我們完成本書時，深信以色列幾乎沒有人希望發生戰爭，可是以色列身為一個自建國以來每十年至少要打一次仗，到現在還有敵國在邊界上呼籲各國消滅它的國家，我們會一直準備好迎接戰爭。我們不會假裝自己能預測未來，但我們絕不懷疑以色列的武器能幫我們塑造未來的故事。

謝誌

如果沒有幾百位同意接受我們的訪談、分享他們看法的人們，本書將永遠不可能完成。這些人當中有許多人都談到了他們在以色列軍方與國防單位中所扮演的角色。其他還包括外交官，他們在全世界的權力走廊上作戰。有些人希望保持匿名，我們也尊重了他們的決定。

雅科夫必須好好感謝Ann Marie Lipinski以及哈佛大學尼曼新聞基金會（Nieman Foundation for Journalism）其他讓人敬佩不已的工作人員。這裡是本書的想法第一次開始成形的地方。各位讀者現在看到的書裡，還可以見到許多他在那裡和才華出色的二人組（Anne Bernays與Paige Williams）所建立寫作工作室的痕跡。他也要感謝《耶路撒冷郵報》（*Jerusalem Post*），也就是他一直擔任總編輯、給了他平台在過去十五年間向全世界講述以色列故事的地方。

阿米爾必須感謝過去六年間的歸屬、以色列的頂尖新聞網站《瓦拉》（*Walla*）。阿米爾在《晚禱報》（*Maariv*）待了十二年後來到《瓦拉》，並在這裡找到一個擁有一流、最尖端且富有創意的團隊，讓自己說故事的功力可以登上新高點的新聞組織。

阿米爾也想感謝巴伊蘭大學（Bar-Ilan University），他在那裡接受許洛莫・夏皮拉（Shlomo Shapira）教授的指導寫論文。這位教授是以色列研究情報與恐怖主義的頂尖專家。

我們要特別感謝我們的編輯 Elisabeth Dyssegaard，她從一開始就對這本書有著許多熱情。我們還要感謝我們專屬的代理人 Peter 和 Amy Bernstein，他們幫我們整理了想法，並且在整個寫作的過程中一直陪伴著我們。謝謝大家。

最後也是最重要的一點，就是我們必須感謝我們的家人。Chaya（雅科夫的太太）和 Fani（阿米爾的太太）給了我們許多需要的支持、空間與時間，同時還幫忙照顧我們的七個小孩（雅科夫的孩子 Atara、Miki、Rayli 和 Eli，阿米爾的孩子 Ron、Yahli 和 Tamari），讓我們得以完成工作。Chaya 和 Fani 一直都要我們盡最大的努力。若是沒有她們，本書將不可能完成。

plusd/cables/09ABUDHABI192a.html.

（註二十） WikiLeaks cable 09TELAVIV1340_a, https://search.wikileaks.org/plusd/cables/09TELAVIV1340a.html.

（註二十一）WikiLeaks cable 09TELAVIV1688_a, https://search.wikileaks.org/plusd/cables/09TELAVIV1688a.html.

（註二十二）於2015年11月訪問朗恩（Mary Beth Long）。

（註二十三）See WikiLeaks cable 09TELAVIV2757_a.

結　語

（註一） Adam Ciralsky, "Did Israel Avert a Hamas Massacre?" *Vanity Fair*, October 21, 2014, http://www.vanityfair.com/news/politics/2014/10/gaza-tunnel-plot-israeli-intelligence.

（註二） Asa Fitch, "Early Failure to Detect Gaza Tunnel Network Triggers Recriminations in Israel," *Wall Street Journal*, August 10, 2014.

（註三） Saul Singer and Dan Senor, *Start Up Nation* (New York: Twelve Books, 2009), 42.

（註七） Sadanand Dhume, "Revealed: The India- Israel Axis," *Wall Street Journal*, July 23, 2014.

（註八） 接下來這段關於以色列與新加坡關係的段落，主要以新加坡國父李光耀的英文自傳*From Third World to First: The Singapore Story 1965-2000* (New York: Harper, 2000)為基礎。

（註九） Amnon Barzilai, "Israeli Officers Reveal: This Is How We Founded the Singapore Military" (Hebrew), *Haaretz*, July 15, 2005.

（註十） Lee Kuan Yew, *From Third World to First*, 15.

（註十一） See Barzilai, "Israeli Officers Reveal."

（註十二） Ibid.

（註十三） Duncan Lennox, ed., "AGM-142 Popeye ? (Have Nap/HaveLite/Raptor/Crystal Maze) (Israel), Offensive Weapons," *Jane's Strategic Weapon Systems*, Issue 50 (Surrey: Jane's Information Group, January 2009), 78–80. 同時也請參考Nuclear Threat Initiative關於以色列的篇章：http://www.nti.org/country-profiles/israel/delivery-systems/.

（註十四） Nicholas Clayton, "How Russia and Georgia's ' Little War' Started a Drone Arms Race," *Global Post*, October 23, 2012.

（註十五） WikiLeaks cable 09TELAVIV2757_a, https://wikileaks.org/plusd/cables/09TELAVIV2757a.html.

（註十六） WikiLeaks cable 08Moscow2785, https://wikileaks.org/plusd/cables/08MOSCOW2785a.html.

（註十七） WikiLeaks cable 09MOSCOW2800_a, https://search.wikileaks.org/plusd/cables/09MOSCOW2800a.html.

（註十八） WikiLeaks cable 09MOSCOW1111_a, https://wikileaks.org/plusd/cables/09MOSCOW1111a.html.

（註十九） WikiLeaks cable 09ABUDHABI192_a, https://wikileaks.org/

（註十二） Ibid.

（註十三） Eric Follath, "The Story of Operation Orchard," *Der Spiegel*, November 2, 2009, http://www.spiegel.de/international/world/the-story-of-operation-orchard-how-israel-destroyed-syria-s-al-kibar-nuclear-reactor-a-658663-2.html.

（註十四） Ibid.

（註十五） David Makovsky, "The Silent Strike," *New Yorker*, September 17, 2012.

（註十六） Ibid.

（註十七） Ibid.

（註十八） Ibid.

第八章

（註一） Yoram Evron, "Sino- Israel Relations: Opportunities and Challenges," *INSS Strategic Assessment*, Vol. 10, No. 2, August 2007, http://www.inss.org.il/index.aspx?id=4538&articleid=1479.

（註二） "Weizman Initiated Eisenberg's Involvement in Chinese Arms Sales 20 Years Ago," *Globes* [Hebrew], February 4, 1999, http://www.globes.co.il/news/article.aspx?did=82076.

（註三） Th omas Friedman, "Israel and China Quietly Form Trade Bonds," *New York Times*, July 22, 1985.

（註四） Amon Barzilai, "The Phalcons Didn't Fly," *Haaretz*, December 26, 2001.

（註五） A. M. Rosenthal, "On My Mind; The Deadly Cargo," *New York Times*, October 22, 1999.

（註六） Sharon Samber, "Congress Urged Not to Link Israel Aid to China Arms," Jewish Telegraphic Agency, June 13, 2000.

第七章

（註一） David Sanger, *Confront and Conceal: Obama's Secret Wars and Surprising Use of American Power* (New York: Crown, 2012), 188.

（註二） Ibid., 195.

（註三） Peter Beaumont, "Stuxnet Worm Heralds New Era of Global Cyberwar," *Guardian*, September 30, 2010.

（註四） Ibid.

（註五） 本書作者之一以電話聯絡並訪問人在德國的蘭納（Ralph Langner）。

（註六） John Markoff , "In a Computer Worm, a Possible Biblical Clue," *New York Times*, September 29, 2010.

（註七） Ellen Nakashima, "U.S., Israel Developed Flame Computer Virus to Slow Iranian Nuclear Eff orts, Officials Say," *Washington Post*, June 19, 2012.

（註八） James Clapper, testimony before the Senate Select Committee on Intelligence, January 31, 2012.

（註九） Barbara Opall- Rome, "Israeli Cyber Exports Double in a Year," *Defense News*, June 3, 2015, http://www.defensenews.com/story/defense/policy-budget/cyber/2015/06/03/israel-cyber-exports-double/28407687/.

（註十） 以下關於以色列據報於敘利亞發動攻擊的內容，係以外國媒體報導與作者對於此類行動可能如何進行的理解為基礎寫成。其中外國媒體包括《明鏡週刊》（*Der Spiegel*）與《紐約客》（*New Yorker*）等媒體。

（註十一） Sharon Weinberger, "How Israel Spoofed Syria's Air Defense System," *Wired*, October 4, 2007, http://www.wired.com/2007/10/how-israel-spoo/.

第五章

（註一） Amnon Barzilai, "How to Build a Wall" [Hebrew], *Haaretz*, November 13, 2002, http://www.haaretz.co.il/misc/1.839763.

（註二） Lior Avni, "A De cade under Fire: 10 Years to the First Kassam" (Hebrew), *NRG*, April 14, 2011, http://www.nrg.co.il/online/1/ART2/232/334.html.

（註三） David Horovitz, "Only a Drill?" *Jerusalem Post*, May 25, 2010.

（註四） Anshel Pfeff er, " Behind the Scenes of Iron Dome" [Hebrew], *Haaretz*, November 23, 2012, http://www.haaretz.co.il/news/politics/1.1871793.

第六章

（註一） See "Report of the Special Rapporteur on Extrajudicial, Summary or Arbitrary Executions," May, 2010, http://www2.ohchr.org/english/bodies/hrcouncil/docs/14session/A.HRC.14.24.Add6.pdf.

（註二） Laura Blumenfeld, "In Israel, a Divisive Struggle over Targeted Killing," *Washington Post*, August 27, 2006, https://www.washingtonpost.com/archive/politics/2006/08/27/in-israel-a-divisive-struggle-over-targeted-killing/2e6d9107-6a81-4500-a7e4-001b4fc853c9/.

（註三） Steven R. David, "Fatal Choices: Israel's Policy of Targeted Killing," *Mideast Security and Policy Studies*, No. 51 (Ramat, Israel: The Begin-Sadat Center for Strategic Studies, Bar- Ilan University, 2002).

（註四） Yaakov Katz, "Analysis: Lies, Leaks, Death Tolls & Statistics," *Jerusalem Post*, October 29, 2010, 1.

（註五） Bernard Gwertzman, "Israel Asks US for Gift of Jets, Citing Saudi Sale," *New York Times*, April 4, 1981, 2.

（註六） Amnon Barzilai, " Here We Build a Force Multiplier" [Hebrew], *Haaretz*, September 25, 2001, http://www.haaretz.co.il/misc/1.736130.

（註七） Glenn Frenkel, "Israel Puts Its First Satellite into Orbit," *Washington Post*, September 20, 1988, A16.

（註八） Lawrence Wright, *Thirteen Days in September* (New York: Knopf, 2014), 35.

（註九） Moshe Nissim, "Leadership and Daring in the Destruction of the Israeli Reactor," *Israel's Strike Against the Iraqi Nuclear Reactor 7 June, 1981* (Jerusalem: Menachem Begin Heritage Center, 2003), 31.

（註十） Shlomo Nakdimon, "Begin's Legacy: 'Yehiel, It Ends Today,' " *Haaretz*, February 22, 2010.

（註十一） Barzilai, "Here We Build a Force Multipier." See also "Meeting Minutes Regarding Israel- South Africa Agreement," Woodrow Wilson Center Digital Archive, http://digitalarchive.wilsoncenter.org/document/114148.

（註十二） Amnon Barzilai, "Somewhere Beyond the Horizon," *Haaretz*, September 26, 2001.

（註十三） Paikowsky, "From the Shavit-2 to Ofeq-1."

（註十四） Uzi Eilam, *Eilam's Arc* (Eastbourne, UK: Sussex Academic Press, 2011), 232–237.

（註十五） Ibid.

（註十六） "We Operate on the Border of Imagination," Mako News Website [Hebrew], March 27, 2014, http://www.mako.co.il/pzm-units/intelligence/Article-0b71c430eb30541006.htm.

（註十二） WikiLeaks, https://wikileaks.org/plusd/cables/09KHARTOUM249_a.html.

（註十三） See WikiLeaks diplomatic cable 09KHARTOUM249 created February 24, 2009, https://wikileaks.org/cable/2009/02/09KHARTOUM249.html.

（註十四） 如註九所述，關於蘇丹的內容係以海外媒體報導為基礎寫成，包括《時代》雜誌（*Time Magazine*）與《星期日泰晤士報》（*Sunday Times*）等媒體。其中並加入了本書作者對此類行動可能運作方式的理解。

第三章

（註一） Amnon Barzilai, "Turret Exposed" [Hebrew], *Globes*, July 29, 2006, http://www.globes.co.il/news/article.aspx?did=1000137025.

（註二） Josh Mitnick, "Mighty Merkavas Fail in War Gone Awry: 'Boom, Flames and Smoke,' " *Observer*, August 21, 2006, http://observer.com/2006/08/mighty-merkavas-fail-in-war-gone-awry-boom-flames-and-smoke-2/.

第四章

（註一） Deganit Paikowsky, "From the Shavit-2 to Ofeq-1, a History of the Israeli Space Eff ort," *Quest*, Vol. 18, November 2, 2011.

（註二） See Paikowsky, "From the Shavit-2 to Ofeq-1"; and Y. Rabin, Diary, Tel Aviv, *Maariv*, 1979 [Hebrew], Vol. 2, 497–498.

（註三） Bob Woodward, "CIA Sought 3rd Country Contra Aid," *Washington Post*, May 19, 1984, A13.

（註四） E. L. Zorn, "Israel's Quest for Satellite Intelligence," https://www.cia.gov/library/center-for-the-study-of-intelligence/kent-csi/vol44no5/pdf/v44i5a04p.pdf.

unblinking-eye-89463; and Phil Patton, “Robots with the Right Stuff ,” *Wired*, March 1, 1996, http://archive.wired.com/wired/archive/4.03/robotspr.html.

（註四） 本書作者之一於二〇一三年夏天當面訪談卡倫本人。

（註五） Frank Strickland, “The Early Evolution of the Predator Drone,” *Studies in Intelligence*, Vol. 57, No. 1, March 2013.

（註六） George Arnett, “The Numbers Behind the Worldwide Trade in Drones,” *Guardian*, March 16, 2015.

（註七） See Anshel Pfeff er, “WikiLeaks: IDF Uses Drones to Assassinate Gaza Militants,” *Haaretz*, September 2, 2011, http://www.haaretz.com/news/diplomacy-defense/wikileaks-idf-uses-drones-to-assassinate-gaza-militants-1.382269.

（註八） Nick Meo, “How Israel Killed Ahmed Jabari, Its Toughest Enemy in Gaza,” *Daily Telegraph*, November 17, 2012, http://www.telegraph.co.uk/news/worldnews/middleeast/israel/9685598/How-Israel-killed-Ahmed-Jabari-its-toughest-enemy-in-Gaza.html.

（註九） 以下關於以色列據報於蘇丹發動攻擊的內容係以海外媒體報導為基礎寫成，包括《時代》雜誌（*Time Magazine*）與《星期日泰晤士報》（*Sunday Times*）等媒體。其中並加入了本書作者對此類行動可能運作方式的理解。

（註十） “How Israel Foiled an Arms Convoy Bound for Hamas,” *Time Magazine Online*, March 30, 2009, and Uzi Mahnaimi, “Israeli Drones Destroy Rocket- Smuggling Convoys in Sudan,” *Sunday Times*, March 29, 2009, http://www.thesundaytimes.co.uk/sto/news/world_news/article158293.ece.

（註十一） Mahnaimi, “Israel Drones Destroy Rocket- Smuggling Convoys in Sudan.”

（註九） Ben Caspit, "Talpiot Industrial Zone," *Maariv*, March 29, 2010, 10.

第一章

（註一） Golda Meir, *My Life* (New York: Dell, 1975), 213, 222, 224.

（註二） Yuval Steinitz, "The Growing Th reat to Israel's Qualitative Military Edge," Jerusalem Center for Public Aff airs, *Jerusalem Issue Brief*, Vol. 3, No. 10, December 11, 2003.

（註三） Ignacia Klich, "The First Argentine- Israeli Trade Accord: Po litical and Economic Considerations," *Canadian Journal of Latin American and Caribbean Studies*, Vol. 20, 1995; and Shimon Peres and David Landau, *Ben- Gurion: A Po liti cal Life* (New York: Schocken Books, 2011), 16.

（註四） Michael Bar Zohar, *Shimon Peres: The Biography* (New York: Random House, 2007), 81.

（註五） Ibid., 77.

（註六） Ibid., 106.

（註七） Avner Cohen, *Israel and the Bomb* (New York: Columbia University Press, 1998), 53.

第二章

（註一） "The Dronefather," *The Economist*, December 1, 2012, http://www.economist.com/news/technology-quarterly/21567205-abe-karem-created-robotic-plane-transformed-way-modern-warfare.

（註二） Richard Whittle, "The Man Who Invented the Predator," *Air and Space Magazine*, April 2013.

（註三） "Military UAVs: Up in the Sky, an Unblinking Eye," *Newsweek*, May 31, 2008, http://www.newsweek.com/military-uavs-sky-

附註

序　章

（註一）　Gili Cohen, "Israeli Defense Exports in 2014: $5.6 Billion" [Hebrew], *Haaretz*, May 21, 2015, http://www.haaretz.co.il/news/politics/1.2642295.

（註二）　Marcus Becker, "Factory and Lab: Israel's War Business," *Der Spiegel*, August 27, 2014, http://www.spiegel.de/international/world/defense-industry-the-business-of-war-in-israel-a-988245.html.

（註三）　Fareed Zakaria, "Israel Dominates the Middle East," *Washington Post*, November 21, 2012, https://www.washingtonpost.com/opinions/fareed-zakaria-israel-dominates-the-middle-east/2012/11/21/d310dc7c-3428-11e2-bfd5-e202b6d7b501story.html.

（註四）　Reuven Gal, *A Portrait of the Israeli Soldier* (Westport, CT: Greenwood Press, 1986), 10.

（註五）　Arthur Herman, "How Israel's Defense Industry Can Help Save America," *Commentary*, December 1, 2011.

（註六）　Becker, "Factory and Lab."

（註七）　Ann Scott Tyson, "Youths in Rural US Are Drawn to Military," *Washington Post*, November 4, 2005.

（註八）　Christopher Rhoads, "How an Elite Military School Feeds Israel's Tech Industry," *Wall Street Journal*, July 6, 2007, A1.

武器奇才

以色列成功打造新創生態圈的關鍵

The Weapon Wizards: How Israel Became a High-Tech Military Superpower

作者：雅科夫・卡茨（Yaakov Katz）、阿米爾・鮑伯特（Amir Bohbot）
譯者：常靖
主編：區肇威（查理）
封面設計：倪旻鋒
內頁排版：宸遠彩藝

社長：郭重興
發行人兼出版總監：曾大福
出版發行：燎原出版／遠足文化事業股份有限公司
地址：新北市新店區民權路 108-2 號 9 樓
電話：02-22181417
傳真：02-86671065
客服專線：0800-221029
信箱：sparkspub@gmail.com

讀者服務

法律顧問：華洋法律事務所／蘇文生律師
印刷：成陽印刷股份有限公司

出版：2022 年 3 月／初版一刷
定價：420 元

ISBN 9786269578610（平裝）
9786269578634（EPUB）
9786269578627（PDF）

國家圖書館出版品預行編目 (CIP) 資料

武器奇才 : 以色列成功打造新創生態圈的關鍵 / 雅科夫 . 卡茨 (Yaakov Katz), 阿米爾 . 鮑伯特 (Amir Bohbot) 作 ; 常靖譯 . -- 初版 . -- 新北市 : 遠足文化事業股份有限公司燎原出版, 2022.03

384 面 ; 14.8X 21 公分

譯自 : The weapon wizards : how Israel became a high-tech military superpower

ISBN 978-626-95786-1-0(平裝)

1. 軍事科學　2. 軍事技術　3. 武器　4. 以色列

595　　111003094